胶东民居
营造之道

李泉涛

刘栋年　著

化学工业出版社
·北京·

内 容 简 介

　　本书详细讲解胶东地区传统民居的营造之道，通过胶音古韵、庭院深深、有室之用、古雅门户、心灵窗牖、墙上春秋、大美无言、营造技艺八章，系统分析胶东民居的历史、空间、形制、装饰艺术、营造技艺。书中理论与手绘图相结合，并附有传统、现代胶东民居营造图纸，有较强的实用价值。

　　本书可作为高等院校、地方政府、建筑科研单位、设计院所或施工单位参考用书，也适合古建筑、民居、古城古镇、传统文化爱好者阅读、参考。

图书在版编目(CIP)数据

　胶东民居营造之道 / 李泉涛，刘栋年 著.一北京：
化学工业出版社，2020.8
　ISBN 978-7-122-35907-0

　I.① 胶 ⋯　II.① 李 ⋯ ②刘 ⋯　III.① 民居-建筑艺
术-研究-山东　IV.① TU241.5

　中国版本图书馆CIP数据核字（2020）第099189号

责任编辑：张　阳
责任校对：宋　夏
书籍设计：尹琳琳

出版发行：化学工业出版社
　　　　　（北京市东城区青年湖南街13号　邮政编码100011）
印　　装：北京宝隆世纪印刷有限公司
787mm×1092mm　1/16　印张 13　字数 244千字
2020年11月北京　第 1 版第 1 次印刷

购书咨询：010-64518888
售后服务：010-64518899
网　　址：http://www.cip.com.cn
凡购买本书，如有缺损质量问题，本社销售中心负责调换。

定　　价：99.00元　　　　　　版权所有　违者必究

前言

先生和我是在山东莱州长大的。20世纪80年代，莱州谭胜先生开办了中国第一所古建学校，我的先生有幸在其中学习一年，于他，传统文化的种子就此生根。

成年后，因工作使然，先生从一名美术生兜兜转转成为一名古建筑设计师，在他，这是最好的选择，少年时播下的种子在中年后成长、成熟。每次看到先生深夜不辞辛苦、乐在其中地伏案设计，便心生敬佩及宽慰之心，人生，有自己"热爱的事业"足矣。成家后，假期经常陪先生回婆家探亲，孩子的爷爷在春节祭拜祖先、天地众神；中秋之夜祭月神……这些民俗常常感动着我，让我觉得在城市长大的儿子有此经历是多么的弥足珍贵。

工作之余，先生与我经常走乡串户去寻找那些老房子，我们常常被民间工匠的精巧技艺所折服，为丰富的文化内涵所倾倒，寒来暑往，流连忘返。近年来，受社会大环境影响，年轻人大多选择居住在城市里，老房子只有老年人居住，好多房子已处于破败状态，岌岌可危，甚至有的仅存残垣断壁。经常，上次刚刚测绘过的建筑，下次再去时已完全翻新得面目全非或已经倒塌……每每看到那些残存的老房子、看到在废墟中依旧美轮美奂的木雕、砖雕，看到那些曾经凝结着民间工匠的全部心血、"磨洋工"磨出来的一砖一瓦日渐减少，都会觉得心痛不已……先生和我遗憾能力有限，只能眼睁睁任其残败，逐步消失，不复存在。为留下更多胶东民居的记忆，致敬老一辈工匠的付出，近几年，我们通过画笔、相机、文字进行记录，希望通过我们的努力能够为胶东民居留下更多印记，使之永垂不朽。

王澍先生曾说："文化是脆弱的，需要一代代人反复努力、培养、呵护再传承。"值得欣慰的是，先生和我对传统民居的调查、研究、实践影响着身边的人，我们的研究队伍一天天在壮大，我的学生、亲人、同事慢慢聚到一起，共同干一件我们喜欢并值得的事情。

常常，大家顶着酷暑严寒，废寝忘食，一干就是一天……

去年，夏日的傍晚，我的姐夫、表弟、外甥和学生一起在田野中实验传统泥墼的制作，大家一起动手，欢声笑语。空气透明纯净，晚霞分外妩媚，黄昏的光照在大地上，大片的云朵被镶上了金边，周围蝉鸣四起、绿意盎然、异常生动！我站在晚风中，看着大家忙忙碌碌，久久不能平静。"全家齐上阵"对于我们来说，这真是一件极其浪漫的事情，只是稍有遗憾，14岁的儿子因学业关系没能参与其中。

是夜，梦中，先生和我仿佛还是那个"少年"，手牵手，徜徉在老屋里，看星光满天……

抬头，朦胧夜色中，屋顶的山老婆指甲草鬼魅般地向我们摇荡……

李泉涛

2020年1月11日写于观海听涛斋

目录

1

胶音古韵

胶东自古就是文明昌盛之地。胶东民居作为胶东地域文化和民族文化的物质载体，在建筑选址、空间布局、建筑材料的选择上，蕴含了先人朴素的建筑生态观念，呈现出人与自然、建筑与环境和谐共生的状态，造就了胶东民居自成一格的人居环境特色。

1.1 历史沿革

　　胶东即胶莱河以东的胶东半岛，包括烟台、威海、青岛。它雄踞齐鲁大地的最东端，背靠内陆，三面环海，半岛境内丘陵起伏、水深港阔，岛屿罗列，北可望辽东，东临日韩，西接内陆，向南可达东南诸省，地理区位极为优越。据史料记载，早在新石器时代，胶东的先民就用智慧和勤劳的双手在这片肥沃的土地上开拓、创造。秦代在胶东设有胶东郡，西汉时期曾设立胶东国，民国初期设立胶东道，抗日战争、解放战争时期设立胶东行署。胶东作为辖区，受齐鲁文化及自然地理风貌的影响，逐步形成了胶东沿海地区独特的山、海、岛并融的自然人文景观，为胶东民居的产生和发展奠定了深厚的文化基础。

　　从人类生存发展的角度看，因地制宜、就地取材是早期人类营建活动的特色，胶东地区也不例外。从胶东长岛北庄遗址看，距今 6500 年的新石器时期就有了民居的雏形：半地穴，木桩为骨，黄泥为墙，干草苫顶。到殷商时代，逐渐发展出村落。但真正称得上民居的，要从秦汉开始，至元明清进入兴盛时期。几千年来，经过漫长的岁月洗礼，在一代代胶东人的智慧创造下，胶东民居日益成熟。今日，在胶东各地，其民居虽因时因地会有一些细节变化，但总体来说，样貌神似，丰盈温润。

　　中国传统建筑主张"天人合一""浑然一体"，注重环境的包容与建筑的含蓄，追求人与环境的和谐共生，讲究居住环境的融合、稳定、安全和归属感（图 1-1）。胶东地区多沿海，夏季多雨潮湿，冬季多雪寒冷。在这种特殊的地理位置和气候条件之下，民居主要考虑冬天保暖避寒，夏天避雨防晒。逐海而居的先民，懂得就地取材，为防潮防雨水侵袭，多用块石铺砌地面、墙体；为保暖舒适，借海草丰茂之便利，为我所用，筑屋而居，逐渐形成厚石砌墙、海草苫顶的房屋形式。这种房屋不但外貌独特且材料经久耐用，海草含有多种矿物质，耐火、防腐、不怕虫蛀、不易烧毁。厚厚的石头墙壁或夯土墙也像保温桶一样围护着老屋，起到了隔热保暖的作用。房屋一旦建好，冬暖夏凉，百年不腐。因此，习惯住海草房的老人们常说，"老屋冬天冻不透，夏天晒不透。还安静，下多大的雨也听不到声音。晚上睡觉也特香，不像瓦顶房那样叮叮当当地像敲鼓似的"。这种"随风潜入夜，润物细无声"的感觉只有身临其境才能感受得到（图 1-2）。

图 1-1
莱州民居，刘栋年绘

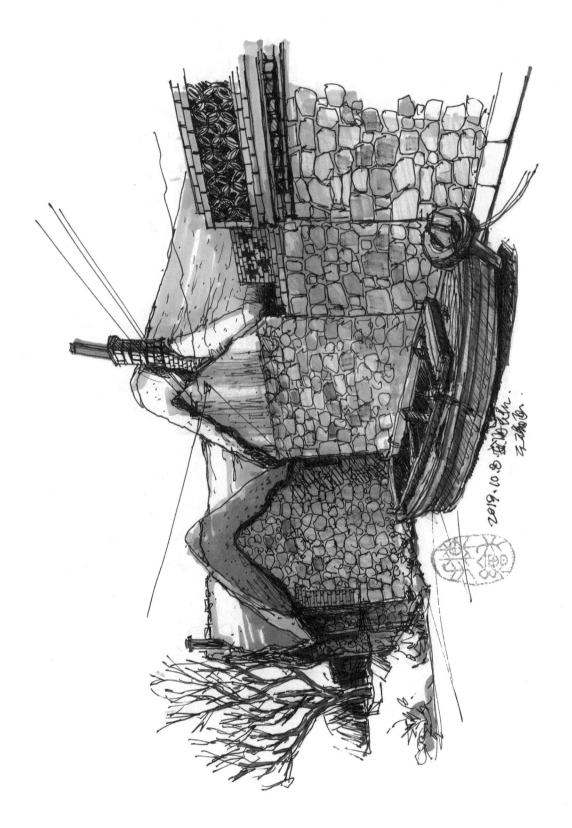

在胶东，用草苫顶是一种建造方式，但草的种类稍有区别。威海、荣成、莱州北部多选用海带；海阳、牟平、乳山、文登一带，盛产一种质地坚硬的山草（又称贝草），建房多用此草；黄县、莱州东部等地多选用麦秸草苫顶。但不管采用何种材料，草房子材质天然，温暖熨帖，虽为人造，但不傲然、不独立，顺风顺水，拥抱自然。

20世纪中期以前，草房子一直是胶东民居的首选。它聚集着胶东民居的本土基因，与自然环境、生态、人们的生产生活和谐共生。但伴随着改革开放，农民的生活水平不断提高，生活上富足的人们观念也悄悄发生变化，加上海草、山草等供应减少，掌握苫草工艺的人不断减少，使得建造成本持续上升，导致草房子的建造呈逐渐减少的趋势，许多新建和需要重新维修的民居改建为瓦房。同时，村落的风貌也在日渐发生变化，在胶东地区很难找到成片的保留比较完整的草房子，每个村落的草房子几乎都是零零散散以颓废的形式留存。我国著名学者和画家毕克官曾针对威海地区的海草房说过，海草房是地方风貌的一大特色，保留海草房，不仅仅是留下一个让游客观光的窗口，更是留住一个地区的历史生活风貌（图1-3）。现居住在莱州海庙前周家村的刘大爷感慨地说："我们刘家世代居住在这里，到现在至少有二百年历史了，我这栋海草房也有128年历史。但是，海草民居恐怕只能到我这代喽。现在的年轻人都到城里去了，这里只有老人了！"

常常，在调研途中，农村百姓生活富足的喜悦和对传统民居日渐减少的惋惜交织在笔者心中，心情复杂，令人唏嘘。然而，不管草房子最终命运如何，它曾经遮风挡雨的辉煌岁月，终究会给有心人留下无限的怀念。

图1-2
威海民居，刘栋年绘

1.2 传统文化与民居

梁思成先生曾在《我国伟大的建筑传统与遗产》的开篇中提道："历史上每一个民族的文化都产生了它自己的建筑，随着这文化而兴盛衰亡……"。李允鉌先生在《华夏意匠》中提道："建筑的发展基本上是文化史的一种发展。建筑是构成文化的一个重要的部分，甚至有人这样强调说，'建筑是人类文化的结晶'。言下之意，建筑不仅是人类全部文化的一个组成部分，而且还是全部文化的高度集中。"中国传统文化是民族精神的精华，是人类智慧的结晶，传统建筑承载着中华传统文化，体现着中国传统的生活方式，内化于心，外化于形，形成中国建筑特有的精气神，是渗透到骨子里的中国气质。胶东地处东部沿海，是齐文化的发祥地，深受儒释道文化的影响。胶东民居是胶东地域文脉和传统文化的物质载体，是传统生态观念与实践相结合的产物。从某种程度上说，中国传统儒学、道学、阴阳五行学等对胶东传统居住空间环境的特征以及精神家园的形成具有重要的指导意义。

1.2.1 儒学与民居空间布局

儒学的兴盛产生了中国历史上最为完备的礼制，上至君王，下到平民百姓，一切社会活动以及相关的用具，皆按照人们的社会地位、等级实施，并形成制度，相约遵守，即孔子说的"安上治民，莫善于礼"。这些礼制潜移默化到人们的生活中，演变出许多种约定俗成的民间习俗。正如汤因比（Toynbee）所说："人类的社会关系超过了个人所能接触的最大范围之后就变成了非个人的关系，而这种关系是通过社会机构所谓的'制度'来维特的。没有制度，便不能存在。"

儒家伦理学说是影响中国民居的文化载体之一，从空间布局、形态、结构上反映出中国宗法社会的礼乐秩序和纲常伦理。《黄帝宅经·序》说道："夫宅者，乃是阴阳之枢纽，人伦之轨模。非夫博物明贤，未能悟斯道也。"陆元鼎先生在《中国民居建筑艺术》言："它们的基本布局都一样，前堂后寝、中轴对称、正厅两房、主次分明、院落相套，规整严谨，外部有高高的封闭围墙，内部则是层层院落，或纵向发展或横向发展，形成一种外

图1-3
莱州海草房，刘栋年绘

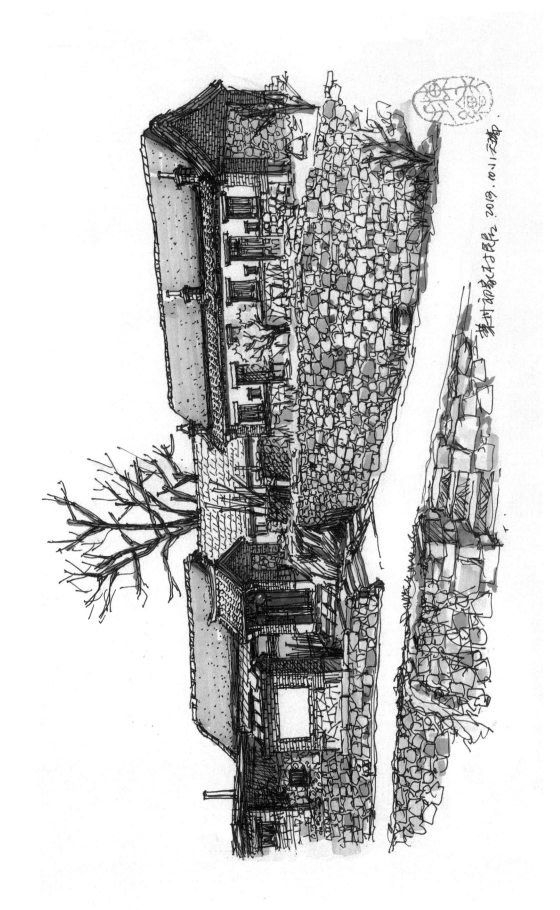

贵州镇远古民居 2019.10.11 王晓明

9

封闭、内开敞，组合灵活而又紧凑的布局形式。"这些论点，将看似简单、质朴的民居建筑上升到关于等级秩序、人伦道德的高度，这就是中国传统民居文化的特点。

胶东民居空间设计同样深深地刻印着古代尊卑之礼、长幼之序、男女之别、内外之分等宗法伦理思想。《荀子·大略篇》中曰："王者必居天下之中，礼也。"《吕氏春秋》指出："择天下之中而立国，择国之中而立宫。""中"的观念，流传到民间，则变成为"向心""中正"观念。表现在胶东民居住宅布局上，"中"即明显的轴线布局，对称形式，强调布局的中心，以突出主次等级；遵循"北屋为尊，两厢为次，侧座为宾，杂屋为附"，住房由北向东向南再向西依次降低，体现"尊卑有序、内外有别、前堂后寝"等封建伦理道德。归根到底，建筑中轴线加上东西左右的对称，首要依据是"礼"，从而形成空间的秩序变化。在调研中发现，胶东人居住时，一家人多住面南背北的正房。胶东一带流传："有钱不住东厢房，冬不暖，夏不凉。"如果父母与子女分开居住，子女将老人安置在厢房或南屋，常常会遭到舆论的谴责，即所谓"东屋南房，不孝的儿郎"。在尺度上，北房（正房）与厢房在房脊高矮、房基高低、进深、柱高等尺寸上均有明显的区别。正房的建筑通常高于厢房。正间即厅堂，在空间尺度上至少比其它空间多几平方米。在多数情况下，正间是家长行使权力和施展影响之地；它是一家人内聚的核心场所，家庭成员参加各种活动的地方。正间因其居中、居上、居尊，其重要地位在胶东传统民居中从未受到挑战，处处体现出庄重的格局。

"仁"在儒学体系中占有重要地位，它是儒家乃至中国传统的一个重要概念。"仁"的最高境界是"泛爱众"。《孟子·梁惠王上》中记载："老吾老以及人之老，幼吾幼以及人之幼，天下可运于掌。"民间认同的家庭和睦，尊祖宗，重德望，推崇大家庭，几世同堂，均以"仁"的思想为依据。中国人讲究"家本位"，个人利益是和家庭、家族利益紧紧捆绑在一起的，"一荣俱荣，一损俱损"。家庭和家族的地位是最基本的价值，表现在胶东民居的室内空间布局上，则表现出大家庭的建筑格局。莱州海庙前周家村刘家大院是个复合式的大院形制，前后分四进，中轴、对称，院落之间既有大家族的气势，又保留各自的进出空间。这座保留较为完好的大宅子，被莱州市定为重点保护的海草民居。只可惜，由于时代的变迁，现如今已家家各自为政，只能从现存的民居的痕迹中去想象当年的繁荣境况。

传统儒家学说中"己所不欲，勿施于人"，其背后深刻的思想根源与儒家"中庸""中和"思想一脉相承。孔子在《礼记·中庸》曰："舜其大知也与！舜好问而好察迩言，隐恶而扬善，执其两端，用其中于民，其斯以为舜乎！"这就用中庸之道暗示了处理矛盾的方法，

图 1-4
海阳嘴子后村民居，刘栋年绘

要求公允不偏地把握矛盾的"中"，找出区别于"两端"的能满足"无过无不及"条件的中和点或平衡点。在胶东民居中表现为邻里之间的和睦相处，相互谦让，注重相邻建筑的空间位置关系。村民建屋时有意将屋基向后退让，屋角或院墙转弯处做圆角或斜角的抹角处理，邻里房屋的高度一致，不致有"压人一头"的现象。这些细节客观上增进了邻里关系，同时调节了住宅之间的空间关系，使整体村落空间秩序井然（图1-4）。

1.2.2　道家文化与民居

英国科学家李约瑟博士曾说："中国如果没有道家思想，就会像是一棵某些深根已经烂掉了的大树。"的确如此，道家文化润物无声，法于自然，涵于万物，潜移默化间造就了中国特色的文化。道家文化对中国民居的特色形成有着积极的意义，其蕴涵的人文地理学、风景美学、生态建筑学等科学成分，越来越为人们所肯定。

"人法地，地法天，天法道，道法自然"是道家揭示天地人法则的中心观念。"道"虽是抽象的观念，却来源于对自然世界深刻的感悟及思考。老庄哲学中提到的"自然"包括两层意思，即大自然和自然而然的状态。《庄子·秋水》以寓言的形式讨论了对自然的理解："牛马四足，是谓天；落马首，穿牛鼻，是谓人。故曰：无以人灭天，无以故灭命，无以得殉名。谨守而勿失，是谓反其真。"在此，自然超越一切人为，自然即本真，自然是永恒绝对的，自然即"道"。《庄子·齐物论》提道，"天地与我并生，而万物与我为一"，认为"负阴而抱阳"是万物的特性，处世之道重在顺应自然，主张尘世万物各自有其生命发展的规律，反对人为干涉、破坏，主张万物和谐相处、共同发展。

（1）村落选址

胶东沿海地区的先民们自古以来以海为生，海上捕捞、养殖、贸易等都是他们的营生手段。出于生产生活需要和自然地貌特点等原因，民居村落生长表现出对自然环境的顺应、认同、崇敬，村落围绕或邻近自然港湾并根据渔岛的形状、自然地形地貌、风水流向等自然条件生成合理的布局形式。石岛村作为胶东渔村的一个代表，其布局形态就是沿海崖地形自然生成的典范，整体呈现后依青山，三面环海的带状格局。整个村落外观看上去古朴而壮美，蓬松敦实的海草房，厚重、粗犷的墙壁，与大海、蓝天形成一道独特的人文景观，古朴、烂漫，"素以为绚"。

同时，道家思想派生出的"风水"理论很契合中国民居对气候、地形、水土等条件的适应性。"风水"别称堪舆，是中国古代建筑中独特的文化现象。随着现代对"风水"的研究，"风水"逐渐摆脱了迷信色彩而被赋予更多的科学内涵。它依据阴阳、八卦、五行、

图1-5 崂山青山村民居
图1-6 石板小路
图1-7 "人家乱石中"

图1-8 曲径通四方
图1-9 巨石之上
图1-10 就势而居

图1-11
背山面水，聚风纳气

气等古代自然价值观，注重对人与自然的有机联系及交互感应，注重对人与自然种种关系的整体把握，最终达到人、自然、建筑和谐统一。

胶东沿海地区冬季寒风凛冽，北面有山遮挡，可减弱风势，起到避风御寒的作用，因而村落布局多是背靠青山、面临大海，并根据自然条件因地制宜，随形就势。青岛崂山的青山渔村是拥有600年历史的小渔村，它三面环海依山而建。村落、住宅的选址追求背山面水，聚风纳气，"得山川之灵气，受日月之精华"，具有生态、科学的理想价值。"鸥队闲云外，人家乱石中；居民浑太古，十室半渔翁"是清代进士江如瑛对青山渔村真实的描绘。村中约千户人家，在不宜耕种的坡地建房，既节约土地，又取得与自然环境的和谐统一，形成错落有致、依山傍海的格局。村庄阡陌交通，村民种茶捕鱼，几十年来一直保持着原生态的生活方式，渔村人居环境自然人文景观突出（图1-5～图1-11）。青山渔村三面环海而建，黄岛雕龙嘴村则是三面环山、东临大海的典型案例，形成"山中有海，海中拥山"的特色。整体村落采"山脉"之"气"，纳"大海"之"泽"，背山面水，左青龙右白虎围护，民居依山就势，自前向后，步步登高，错落有致，从海边一直建到半山腰。院落门窗半掩半现，山墙屋顶高低错落，视野、朝向、通风、采光事事俱达，由远及近构成扇面环绕格局，红瓦、绿树、蓝天、碧海，生机盎然、生生不息，由此营造"垂钓坐磐石，水清心亦闲"的怡人场所。

（2）宅地风水

胶东民居方位的规划设计，基本延续清代姚廷銮《阳宅集成》所论，"阳宅须教择地形，背山面水称人心。山有来龙昂秀发，水须围抱作环形。明堂宽大斯为福，水口收藏积万金。关煞二方无障碍，光明正大旺门庭"，形成依山傍水、避风向阳，或背山面水、负阴向阳的格局。合院具体格局方位则依据阴阳八卦和吉凶的方位设计，八卦是四正四偶的八方符号，五行是大自然中五种物质的名称代号，相生相克本是事物矛盾与统一的转化关系，是物质不灭的物理现象，老百姓就在阴阳相生中定位自家的风水宅地。在胶东，民居基本是延续"巽门坎宅"的格式，即正南方和正东方、东南方为吉星，东北、西北、西南、正西等位置为凶星。根据以上吉星凶星的位置，自然就形成了院中格局：大门设在东南方，谓吉；西南角设厕所或猪圈，谓凶；正房坐北朝南，南房坐南面北，东厢房谓吉，与西厢房正对。院中建筑高度依据"屋基后高前低""青龙压白虎""高一寸为山，低一寸为池"的细微变化，呈现北高南低、东高西低的错落有致的格局，由此充分收纳阳光，使院落呈现生机盎然的自然状态（图1-12）。

图1-12
莱州金城民居，刘栋年绘

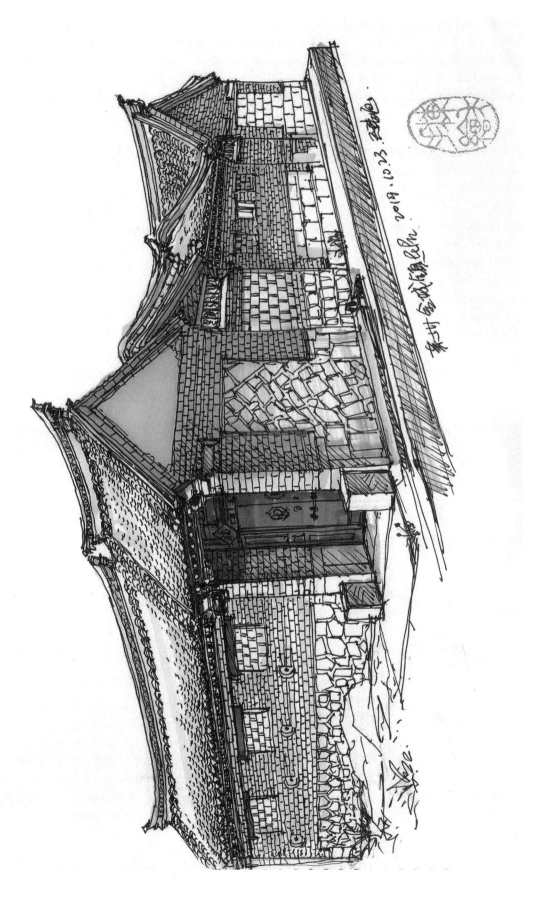

"巽门坎宅"是百分之九十的胶东老百姓的首选，但也有人家，依据自家风水，民居格局独树一帜。笔者在调研中发现，海阳一村落民居选用"离门兑宅"的形式，在此处，主房位于正西方，生气，大吉，是院中最高点，门位于正南也是吉星位置，这样空间中的吉凶则相对有了不同的位置分配。据了解，主人选择"离门兑宅"主要是用来破解宅院的正西方有大山，只有把"宫"（主房）设在正西方，才能依山就势，借山做靠，把风水聚于院中，让家人享受美好温暖的团圆时光。

（3）民俗崇拜

　　在胶东沿海地区，受道家文化的影响，民间信仰比较普遍。靠海吃海的胶东人，在享受大海带来的丰富海产资源的同时也可能遭受不测风云，深海捕鱼的渔民常常存在一定的风险，希望有救苦救难的保护神时刻护佑，因此城隍、龙王、土地神等便成了渔民心头崇

图 1-13
灵山卫城隍庙

图 1-14
傍晚从城隍庙远眺大海

图 1-15
关帝庙，刘栋年绘

阳江市北山寺 2016.11.01. 画于阳江市北山寺的山麓处观音阁前院。

17

拜、供奉的神灵。今日，在胶东半岛的渔村中，城隍庙、龙王庙仍然是村落中最重要的公共建筑与核心控制点之一。

城隍是中国民间和道教信奉守护城池之神，大多由有功于地方民众的名臣英雄充当，他掌管着老百姓的生老病死、婚丧嫁娶、日常生活及节庆活动，可以说，城隍和老百姓的生活息息相关。旧时俗话说："县官不如现管。"城隍就是当地人心目中的"父母官"。现如今，在青岛，唯一留存的城隍庙位于黄岛灵山卫西街。它原建于明朝初期，目前的建筑于2011年复建，但庙前两棵600年树龄的银杏树依旧一左一右地守护在那里，见证着灵山卫曾经的历史与文化记忆。灵山卫建于明洪武五年（1372年），整体格局是中国最传统的九宫格模式，规整但不封闭，秩序又充满活力。据《灵山卫志·建置志》载："四门洞达，街为十字，均齐方正，形若棋盘，巷口有石若棋子，中有界河自北水门入，由南水门出，汇于城南，渐次归海。"城中分东、西、南、北四街，城外还有城隍庙、玄武庙、风坛、云坛、雷坛、雨坛等十几处宗教建筑。现如今，灵山卫的辉煌不复存在，街区肌理模糊，宗教建筑中唯有城隍庙尚存，庙里悬挂的"纲纪严明""浩然正气""护国庇民"匾额、"作事奸邪任尔焚香无益，居心正直见吾不拜何妨"的楹联依然警醒世人遵纪守法、护国佑民。站在庙前，南望大海，笔直抵海的街道与左右交叉的街区依稀可以让人感受到"棋盘格局"的魅力。热闹依旧的庙宇使得今日的我们仍然能够近距离地抚摸往昔，唤起集体的民族记忆（图1-13、图1-14）。

城隍是胶东百姓的保护神，关帝、龙王也是渔民的心头爱。招远高家庄子的关帝庙、镇龙庵，自清康熙十九年（1680年）重修延续至今，对整个村落起到牵引、控制作用。其威严庄重的宗教性与周边农家活动空间的淳朴性，共同演绎出渔村丰富多彩的村落结构形态（图1-15、图1-16）。

儒道文化之于胶东民居，既是精神的产物，又具体化为社会行为和组织构架的实践，同时似缓缓流淌的水墨笔韵，在一石一砖一瓦一空一间中勾勒出一抹素雅、庄重的色彩。其秩序、宁静、和美的空间意象，如一股凝聚的力量，清风徐来，圆润中不乏硬朗，谦卑中不乏清奇，成就了今日江山风和、四方盎然的胶东地域景观。

图1-16
镇龙庵局部，刘栋年绘

浙江省西塘古镇写生
2019.01.01 王亚鹏

19

2

庭院
深深

庭院，是一个广义词，在胶东民居中具有包罗万象的意味，比如合院、天井、影壁、天地神龛、月台……

"十笏茅斋，一方天井，修竹数竿，石笋数尺，其地无多，其费亦无多也。"清代书画家郑板桥心目中的庭院简单、朴素，有情有义。在胶东，老百姓的庭院就是如此，庭院是老百姓的私家花园，是自留地。他们喜欢在庭院里栽花种树，筑池养鱼，改善居住环境，增添居住的生活情趣。一介庭院，繁花似锦，情怀满满。不入"庭院"，怎知春光如许？！

2.1 合院

合院，象征着一个家族的和睦、团结、欣欣向荣。

中国的合院建筑渊源较早。最早的合院是西周时期在陕西岐山凤雏村发现的住宅遗址。汉代合院，则可以在四川画像石中窥得些许影像，一幅《庭院》主题的画像砖形象地展现了一处田字形的四合院，合院四周由长廊形的五脊平房连接，院落两进，主人在其中养鹤、斗鸡、饮酒，好不快活。从魏晋南北朝、隋唐的经典绘画可见合院的形式更加丰富，《清明上河图》则展现宋代合院风貌特色，明清、民国的老照片则显示合院的风格趋于成熟，出现"四水归堂""一颗印""广厦连屋"等多种形式。在北方，最典型的合院还是北京四合院。其布局讲究对称平衡、方正平稳，内外层次井然分明、尊卑有序、长幼有别，在秩序中显变化，于简朴中显优雅。

胶东民居建筑格局受北京四合院文化的影响，不管有钱没钱，老百姓都住在大大小小的合院中。威海地区，由于地狭人稠，村落中房屋密度较大，院落相对较为狭小，多以三合院为主。烟台地区，合院的规模、布局方式等较宽敞，多是四合院或几进院落。无论合院空间大小，老百姓都喜欢在自己的"一亩三分地"中植树栽花、娶妻生子，寒来暑往、繁花不惊，在一菜一汤中品味春花秋月（图2-1、图2-2）。

2.1.1 三合院

三合院是胶东民居中最简单、最经济、最广泛的院落组合方式。三合院由三面房屋加一面墙向内围合。最基本的三合院是正屋坐北朝南，以正屋为中心，围绕天井，左右分别为东厢房、西厢房，正屋与厢房共同组成一个"凹"字形平面，形成一个环抱之势。东厢房由于紧挨外墙、大门，一般用作厨房和储存间，西厢房靠里，相对安静，多为卧室，四周有围墙将东西厢房连接起来。正如清代林筠谷在堪舆书《阳宅会心集》中所说的三合院的规制："中厅为身，两房为臂，两廊为拱手，天井为口，看墙为交手，此格亦有吉无凶"。受风水学的影响，大门一般设在八卦的"巽"位上，"巽"代"风"，是院落的"气口"。因此，大门一般设在院落的东南角，代表勃勃生机之意。进大门后有影壁分隔空间，院落

图 2-1
胶东民居四合院，刘栋年绘

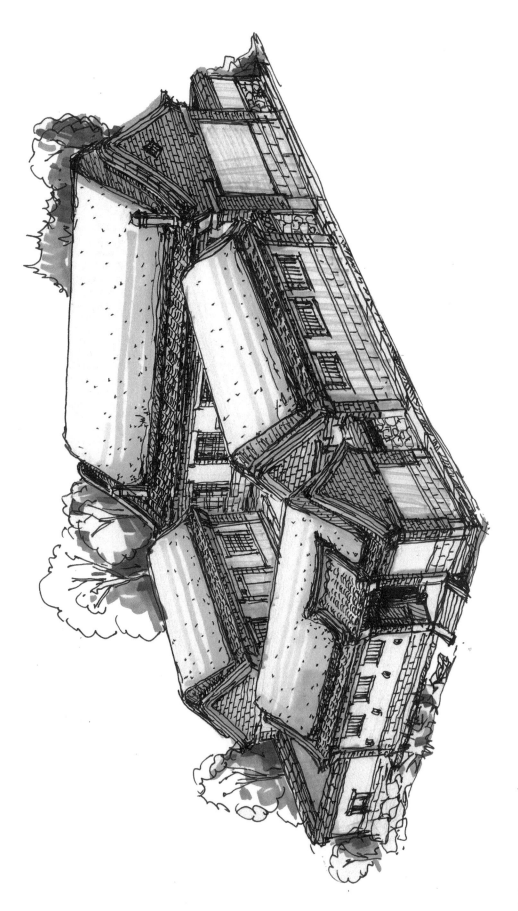

23

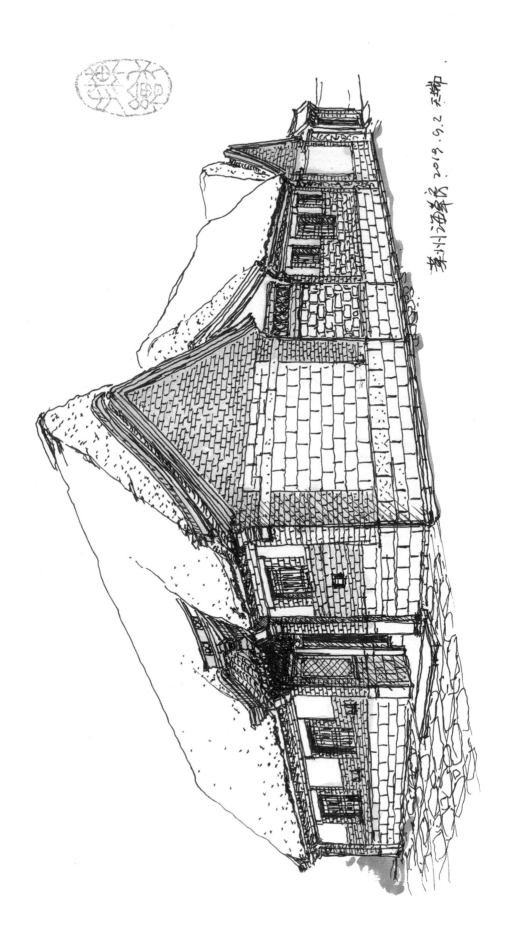

苏州江南茶楼 2019.9.2 王琳

内含蓄寂静、私密性极强，从外面看不到任何内部景象，只可偶尔从被枝繁叶茂覆盖的围墙上中窥得"一枝红杏出墙来"的小风情。由此，生活在合院中的人，养老抚幼、晨昏定省、和睦共处，家庭成员之间的亲密感不言而喻，在温馨的日常中享受着自在而平静的亲情时光。

2.1.2　四合院

《清式营造则例》中解释四合院为："主要建筑居中，多南向，称正殿或正房。在正殿之前，分列左右相向者为配殿或厢房（与正殿相对者为前殿或倒座）。这四座共包括的范围称一院。"胶东的四合院多为单进院落，坐北朝南，呈长方形，四面各有房屋围合，大门通常采用一间门屋的形式，设在东南角。北面正房一般三到五间，东西厢房各三间，倒座间数一般与正房等同。胶东地区称庭院为"天井"，进得天井，入口的影壁一般设在东厢房山墙上，如果天井进深够大，在正房和倒座之间再设一面影壁，形成空间的分隔、呼应、变化，增加了天井的空间层次，增强了观赏的美感与节奏，使整个天井似透非透，隔而不断（图2-3）。讲究的人家，院落中间还铺有月台，追求"晴天不曝日，雨天不湿鞋"。月台地面一般铺设条石或青砖，由天井的中心向周围延展，一般不会铺满院子，而是与四周墙角碎石路间隔50cm左右，形成一个"回"字形排水通道。堪舆典籍《相宅经纂》曰："凡第宅内厅外厅，皆以天井为明堂，财禄之所。……房前天井固忌太狭致黑，亦忌太阔散气。宜聚合内栋之水，必从外栋中出，不然八字分流，谓之无神，必会于吉方，总放出口，始不散乱。"天井里雨水沿"回"字形排水通道曲折流出，形成"去水依依"的眷恋之情。出水口必在大门口右侧而且稍高，水一出去就向左横流过门口，绕台阶而呈弧形，形成"玉带缠腰，贵如裴度"的富贵、吉祥景象（图2-4～图2-6）。

在胶东，殷实人家四合院的组合没有一定之规，而是根据实际情况形成灵活多样的形式。在乡间，男人成熟的标志是"盖房子、娶媳妇、生儿子"，因此四合院的格局依据人口多少、家族实力会有所不同，一般为两进院落，大家族的院落可以达到三到五进，形成长长的纵向轴线。它们以"间"为基础，以"群"为组成单位，在轴向方式上反映出居住空间的秩序性，维护伦理的严谨性、庄重性。

图2-2
胶东民居两进合院，刘栋年绘

调研中，笔者发现莱州西朱皋村有一民居就颇具特色。此院落原为两兄弟居住，为两进四间组合，且只有西厢房。原本两层院落进出一个大门，前院与后院之间的通道设在正房的稍间位置，即过间。为避免从大门直视院落，在大门与过间之间砌筑南北纵向墙体，起了阻挡、分隔作用。后两兄弟分家，为更好优化院落的实用效果，房主将大门从东南角移到西南角，为避风水禁忌，围绕大门的进出方向竟然设有五处影壁，影壁上写着"鸿禧""福""吉星高照""出门见喜"等吉祥话语。从这一点可以看出，老百姓在建房时"敢破敢立"，既可以遵守日常习俗，又可以依据需求大胆创新（图2-7）。另外，金城镇的马氏故居院落空间组合也是打破胶东民居常见功能，别具新意。马家曾祖父清末民初在北京经商，当年发财之后，在老家修建三进的四合院，专门招待南来北往的商界朋友。因为空间功能的需求，在空间序列上第一进为客厅，第二、三进为居住空间，这和胶东地区一般四合院居住、会客混在一起有质的区别。为达到会客、居住互不干扰的目的，三进院落都是单独开门，有分有合，形成庭院深深、烟树相望、乡野雅趣尽在其中的空间特色。

　　中国传统院落的基本单位是"进"和"跨"。"进"表示前后串联关系，纵向有多少个院落就是多少进，如"第一进""第二进"，依此类推。莱州海庙于家就有四进院落，院与院之间既可以通过"过间"进出，又各自单独留有大门，分隔、融合的关系处理得特别好。"跨"表示左右并联的关系，横向串起多少个院子就叫多少跨院落，并且按位置分别称为东跨院、西跨院。莱州大沙岭村有一户民居就属于两进两跨院。东西两跨是通过胡同分割的，但东西两跨并不是同时建造的。据说，院落主人最先修建的是东面三间两进房屋，由南至北第一进是会客，第二进为居住。后来，由于家族人口增多，经济实力增强，将胡同西边邻居的房子购为己有，重新修建，形成南北、东西排列整齐，进退适中，前低后高的院落格局。院子是一种有生命的活物，某种意义上，造院者、住院者和院子一起成长演变，人在院在，人亡院废。的确如此，由于新中国成立初期，此院落已分给多家人居住，虽格局还在，但味道没了，"两进两跨院"在某些程度上只存在于理论意义中（图2-8）。而留存完整的胶东栖霞牟氏庄园则在"进"和"跨"之间展现出合院民居的魅力，可谓气势恢弘，蔚为壮观。庄园始建于清雍正年间，坐北朝南，布局为三组六院，各组一至三院不等，均呈四合院结构。各院四至六进相间，皆以中门相贯，侧有甬道相通。整个庄园合院之间重重叠叠，疏密有致，井然有序，浑然一体，呈现出我国北方传统民居建筑的典型特色（图2-9）。

图 2-3
正房和倒座之间的影壁

图 2-4
朱皋民居月台

图 2-5
上为猫洞，下为排水口

图 2-6
上为如意型猫洞，下为排水口

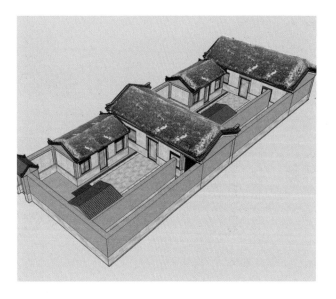

图 2-7
西朱皋村民居院落空间布局，炳健绘制

图 2-8
大沙岭村民居院落平面图，炳健绘制

图 2-9
栖霞牟氏庄园鸟瞰图

2.2 天井

天井，咫尺空间，别有风骨。

天井即庭院，是民居建筑的核心空间，也是居家日常生活的主要空间，它通天、接地、引风、纳光。闲暇时，在天井里植树、栽花、读书、会友、纳凉、赏月，是居家生活最生机盎然之处。胶东民居的天井空间大小不等，但每一方天井，都心无旁骛，将风雨雷电、风花雪月尽情收纳其中。春日，雨点安静地顺着屋檐跌落到天井中的泥地上，泛起层层涟漪；夏日，浓荫匝地，凉风习习，秋日，"闻木樨香"，听月宫桂子轻轻滴落；冬日，欣赏"快雪时晴"，梅花妖娆。这样一想，胶东民居的天井，朴素坦率，动静适时，鲜活生动，曲调悠远动人（图2-10～图2-12）。

图 2-10
浓荫匝地

图 2-11
栽花、读书、会友

2.2.1　天井尺度

　　天井是藏风聚气之所。道家认为世界为阴阳互动而成，而人的居所"乃是阴阳之枢纽，人伦之轨模"（《黄帝宅经》）。以阴阳的观点来看，室内为阴，室外为阳，偏重其中任何一方都会引起不适，因此，理想的模式应该做到"负阴而抱阳"。天井的存在能充分地吸纳充足的光照、良好的通风、新鲜的空气、合宜的温度和湿度。它减少了秋冬季风沙的入侵，削弱了街道上的噪音，将春日润物的细雨和冬日温暖的阳光包容其中。威海宁津等地，海草房的天井空间不大。左右厢房后墙与正房山墙对齐，两厢房间距通常为3～4m。在这样的合院内，老百姓喜欢在天井中种花植草，把自然景观引入院内。夏天，院中石榴树枝繁叶茂、葡萄爬满藤架、爬山虎满墙飞，树荫匝地，生机勃发，自然形成一个名副其实的"自主调温空间"，起到改善环境调节小气候的作用。如果天气炎热，微风拂动，天井院落在阳光暴晒下温度急剧升高，热空气不断上升，即所谓的"拔气"。而建筑周围的冷空气却通过门窗等通道不断向天井补充，形成冷热空气的对流。这种天然的"穿堂风"结构，自然而然地达到了降温的目的。另外，在夏季，由于外墙的遮挡和庭院里的树木等遮阳措施，形成阴影，其地面、墙面和空气都不受阳光直射，反射的热量也小，再加上天井里的鱼缸等水系将庭院石板地面的热量吸收，而天井地面再将空气的热量吸收，因此天井里的空气温度就会比大门外街道上的空气温度要低2℃，自然营造了一份舒服、安逸的生活环境。同样，冬季，刮北风是胶东地区主要的气候特征，大风天气数年平均为30天，最多为54天，天井围墙厚且稳，近40cm厚的院墙如同铜墙铁壁阻挡北风侵入，从而保证一年四季温度适宜（图2-13～图2-16）。

　　天井需尺度适宜，才能阴阳和合、宜家宜室。胶东海草民居，天井大小与房屋体量形成恰当比例，院大屋低过于空旷，空间离散，气场不佳，失去生活亲和力。因此，根据正房建筑的高低天井的尺度各有不同，莱州民居天井空间进深一般为10～16m；威海的民居尺度较小，天井进深一般在8～10m。《象》曰："天地交，泰，后以财成天地之道，辅相天地之宜，以左右民。"天井，只有尺度合理了才可达到天地和合、藏风聚气的目的，人在其中活动，才能感觉舒适、放松，从而达到对生命的关怀。

图 2-12
牟氏庄园庭院一角，刘栋年绘

2.2.2 天井功能

　　对于胶东老百姓来说,天井是室外的多功能厅。中国传统民居一直坚持有节制的人本主义原则,整个民居的序列在平面上展开,通过"天井"左右延伸衍生。它界定了民居的公共性、半公共性以及私密性空间,是动静空间的组合过程。胶东民居,自街门至照壁是过渡空间,照壁至正房是天井。天井是家庭日常团聚、活动的场所,是全宅的中心气场,集多种功能于一身。逢年过节,天井是民俗活动空间:春节,祭拜天地;中秋节祭月赏月,好不隆重;立春时节,天井是花鸟的天堂,"一壶花里听春禽"好不舒朗;农忙时节,天井是劳作空间,一家人在院中晒粮食、剥玉米,好不热闹;闲暇时节,天井是会客空间,大人喝茶会友、老人纳凉晒暖、小孩嬉戏打闹,好不快活;清明佳节,天井是娱乐空间,大人在院中树秋千,孩子在院中赛秋千,墙里秋千墙内笑,好不欢愉;盛夏时节,天井是巨大的"卧室",大人、孩子躺在院中的凉席上,数星星、唱民谣,好不自在;冬至之时,天井是风雪的乐园,"隔窗风惊竹,开门雪满山",好不清幽。天井,是百姓心头的自在地(图2-17)。

图 2-13
牟氏庄园天井一角

图 2-14
农家天井

图 2-15
雪后天井

图 2-16
闹哄哄的夏日天井

图 2-17
胶东民居天井,刘栋年绘

苏州平江路·耦园写生 2013.12.30.

33

2.2.3 天井美学

民居天井，一方天地，韵味无穷。天井，从单纯的实用功能，发展到兼有社会功能和审美功能，而且随着功能的日益多样化，其蕴涵的主体审美意识也逐步丰富和多样化。

（1）含蓄美

跟西方建筑的直接、开放相比，中国的传统建筑表达的是一种含蓄的美。天井除了主要入口以外，从整个外围看往往只是一堵平淡的墙壁。就算大门洞开，看到的只怕又是影壁。胶东海草民居的天井空间是内敛的，院落与院落之间的转换也不是平铺直叙。"庭院深深深几许"，在有限的空间中营造无限的意境，悠长迂回，宛转曲折，意犹未尽。中国人在自己的家园里充分体现温顺谦和的君子之风，要看"庐山真面目"，只有走进去，开敞的院落使人豁然开朗。胶东海草民居的空间序列通过街区、大门、影壁、庭院次第展开，视野中伴随空间、色彩、光影的变化，给人以秩序、神秘与丰富的精神感受（图2-18）。

（2）空灵美

天井空间空灵的结构特质是中国传统艺术美学的渗透。这空灵在书法和篆刻中就是"计白当黑"，在绘画中就是"无画处皆成妙境"。这"空"在中国画艺术中并不是真空，"正是宇宙灵气往来，生命流动之处"（宗白华语）。这一规律同样也存在于胶东民居建筑布局中，天井的空白，正是艺术的重点处理之所在。老子曰："埏埴以为器，当其无，有器之用。"天井就室内来说，就是一个"虚无"的空间，但却给人以"实"的存在。天井是天、地、人自然融合交汇的枢纽，它与广阔的天空紧密相连，与自然交流。伴随着光影在天井中变化，人的视觉和心理也随之改变，天、地、人三者在视线、思维上形成共鸣。同时，天井满足了人们亲和自然的需求，将自然界的山水、树木、风雨都纳入其中，创造出丰富的视觉和心理效果，让人感受到庄子所说的"吾以天地为棺椁，以明月为连璧，以星辰为赍送"。它让天、地、人在此达到完美的和谐，达到天人合一之境（图2-19）。

2.2.4 天井风水

民居天井的开敞，增加了天地之间的交流。风水中，天属阳，地属阴，阴阳的协调还含有天地交相结合，万物川流不息，生生不已的意向。《周易正义》中说："太极生两仪，两仪生日月，日月生四时，四时生五行，五行生十二月，十二月生二十四气。"这种关

图 2-18
庭院深深

图 2-19
刘氏故居庭院

于对立两分法的宇宙运行规律的阐述,衍生出天圆地方,天人合一,在对立中求统一的思想。

钱穆先生说,"大方小方一切方,总是一个方""认识一个方形,可以认识一切方形",正如"一个人的理想境界,可以是每个人的理想境界""圣人人格即是最富共通性的人格"。"天圆地方"观念是中国古人对天地形状的认识,反映在民居中就是民居形态与之对应。从胶东民居天井形制看,大多采用矩形或方形,这在意识中与"地"形制相对应。并且长方形的布局模式能使各边的建筑均处于明确的方位上,满足了各方位等级的要求,比如建筑在合院不同方位上所表达的含义为:北屋为尊,两厢次之,倒座为宾。另外,长方形还具有一种天然的方向性,使得中心位置一目了然。这种方的形制与天圆的对应,完成了民居建筑空间中"天"和"地"的协调统一。

另外,胶东海草民居的天井四周封闭,从立面上讲,整体形制采用墙体围合的封闭方式,《说文》云,"墙,垣蔽也……左传曰:人之有墙,以蔽恶也,故曰垣蔽。"民居天井墙体很难见到窗子,因为家墙开窗被比喻成朱雀开口,"朱雀开口,容易惹是非"。封闭墙的存在很好地隔绝了外界的喧闹,形成一个对外隔绝、对内卫护的空间模式,从形态上使居住者的生活得到保护,也使人们心理上有很大的安全感。

因此,天井是胶东民居中不可缺少的一部分,人、动物、植物在院落中和谐相处,自然界的风雨雷电俨然也成为其中不可缺少的一部分,平淡自然中体现出勃勃的生态美。

2.3 影壁

中国传统民居一贯讲究内敛性、私密性、防御性。"家，居也"，"户，防也"。影壁这种建筑形式极好地满足了中国人对空间的需求。传统风水学认为影壁是针对冲煞而设置。《水龙经》云："直来直去损人丁。"故影壁作为传统民居院落中的屏障，通常设在建筑大门的外面或里面，具有遮挡和隐蔽功能。影壁可以避邪镇宅、藏风纳气、美化环境，避免院落内部风光展露无遗，保持院落的安静、神秘。同时，影壁可以增加空间的层次感、虚实感及节奏感，将民居院落空间的进退开合有机组织起来，既有前奏，又有序曲、铺垫，有高潮又有转折，气韵生动、连贯，自成一体（图 2-20）。

胶东影壁从构造上也分为壁顶、壁身和壁座这上、中、下三部分，只是比例关系、装饰重点各不相同。壁顶多为硬山顶，悬山顶比较少见。壁身是影壁的主体，也叫壁心，是最引人注意的地方，常常也是主人匠心独具之地。民间工匠根据材料的不同将壁心分为软心和硬心。软心一般用白灰抹平粉刷而成；硬心则用水磨砖制作而成。壁心中心的几何形装饰被称作"盒子"，围绕在盒子四角的三角形区域叫做"岔角"。壁心的雕刻图案主要以象征吉祥的禽兽和花卉为主，或者福、禄、寿、喜等吉祥文字来装饰。壁座就是基座，是整个影壁的承重部位，多用砖石砌筑，但砖石的砌筑形式依据当地材料的不同各有千秋：威海地区多以不规则虎皮石与砖结合，随性、低调；莱州地区则多用条石，简约、大气。当然，特殊建筑也有采用须弥座的形式，并在壁座上雕刻繁杂的花饰。花饰的内容多为子孙万代、鸳鸯荷花、鹤鹿同春等吉祥的题材（图 2-21）。

影壁从外形上看有一字形、依墙式、八字形等。一字形影壁常见于院落中央，可划分院落；也可设置在大门外，起到标志某宅地点的作用，同时也是大门的屏障，门外影壁上往往书写"吉星高照""出门见喜"等祝福、吉祥的文字，可以让人从进出大门的一刻，感受到强烈的祥瑞之气。依墙式影壁一般是依附厢房山墙而建，既是山墙的一部分又独具个性，给初进大门的人以惊喜与祝福。八字形影壁则是在大门两侧，与大门呈 45 度角，以对称形式分设的两座影壁。八字影壁建造时，一般大门要向里退大约 2m，自然在门前形成一个小空间，作为进出大门的缓冲之地。八字形影壁庄重大气，宅门显得深邃通达。在胶东，老百姓家的影壁则根据自家院落的特色进行设计。调研中，笔者发现老百姓的创意无限，根据院落特色创造出"L"形双影壁，既满足入口大门的需求，同时阻挡了流向正屋的斜风煞气，一举两得，实属巧妙（图 2-22、图 2-23）。

图 2-20
胶东民居天井及影壁，刘栋年绘

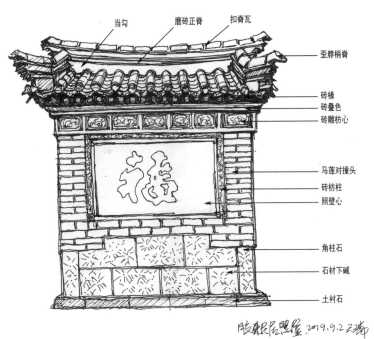

当勾　　磨砖正脊　扣脊瓦

歪脖梢脊

砖橼
砖叠色
砖雕枋心

马莲对撞头
砖枋柱
照壁心

角柱石

石材下碱

土衬石

胶东民居照壁 2019.9.2 天晴

图 2-21
影壁构造图，刘栋年绘

图 2-22
一字形影壁

图 2-23
L 形双影壁

影壁从建筑材料来分，有砖影壁、琉璃影壁、石影壁、木影壁等。在胶东地区，琉璃影壁非常稀少。木影壁长期受风吹雨淋，易腐蚀，现存实例几乎没有。目前可以看到的主要是砖影壁，并且形式相对多样，有的古朴简单，没有任何装饰；有的雕饰精美、意境深远，营造出悠远空灵、神秘玄妙的空间气氛。

"行美以感目，意美以感心"。影壁作为进出大门的第一道景观，它壮观瞻、增装饰，感物吟志，寄托主人情怀；烘托环境气氛，增加建筑的气势，同时将精美的雕刻融入诗情画意的哲学精神，增强无限的审美意境。

2.3.1　马氏故居影壁

建于清末民初马氏故居影壁位于莱州市朱桥镇马家村 153 号宅，推开大门的瞬间，一幢精美砖雕影壁扑面而来。在阳光的映照下，那青砖熠熠生辉，散发着一股神秘、诱人的气息，像一位故人，光泽、温润，静候探访。仔细端详，此影壁为典型的胶东砖影壁，硬山式屋顶。壁顶正脊由中心向两边稍稍上翘舒展，"如鸟斯革，如翚斯飞"，呈现轻盈灵动之姿。壁顶铺筒瓦、滴水，檐下雕刻二层九间仿木结构的建筑，梁枋、斗拱装饰精美。可谓咫尺空间，美轮美奂：波浪形滴水，秩序感、节奏感极强的斗拱、桃形垂柱，寿字纹椽子头，一排排、一层层像一个个音符，跳动在天地间，形成一幅极具音乐感的优美画面。影壁底座高 76cm，用两层大石条砌成，浑厚方正、沉稳内敛，正好与壁顶相互呼应、契合、衬托，各领风骚又共同欢喜。上下左右垂柱之间以浮雕纹饰为主，极具装饰性且富有变化。有的雕刻吉祥文字，有的是花卉纹样，有的是动物形象，随着光影的变换，壁面的浮雕亦幻化出丰富的质感。"材美而坚，工朴而妍"，那细致入微的雕刻，虽经一百多年的风雨雷电，仍在斑驳之间，露出当年的浩荡与华美的端倪。《庄子·天道》曰："朴素而天下莫能与之争美。"民间工匠这种"妙手神化"的创作姿态，真切地表现出"艺术来源于生活又高于生活"。影壁的砖雕小品内容虽朴实，造型艺术却别具匠心。"册页"本是书画作品的一种装裱形式，也是我国古代书籍装帧形制中的一种，经过工匠的巧思，一卷卷"册页"与"卐"字纹结合在一起，并被赋予近 45 度的倾斜透视，原本平凡的"册页"立马活了起来，上下左右呼应着玉壶、菊花、荷花、笔墨纸砚等，有一种博古通今、儒雅清新的味道，虽小但能量无限（图 2-24）。小小的"册页"如此风情万种，那位于它上方的"玉壶"雕刻更是美得涤荡、悠远，妙不可言。造型上一改以往"玉壶"的单一形状，将古诗"月落乌啼霜满天"巧妙镶嵌其中，两侧楹联"画中有诗、诗里有意"自然点题，将主人对朋友的"一片冰心"全嵌在"玉壶"中（图 2-25）。很感慨，这些在城市中慢慢遗失的唐诗宋词，曾经，在偏远的乡村都被保存起来了。

图 2-24
册页

图 2-25
玉壶

　　象征文化在中国传统文化中占据十分重要的地位，在中国建筑文化中更是得到了充分的体现。它表现于中华民族的语言、风俗、宗教信仰、文学与艺术等各个方面，反映到民居的装饰艺术上也是如此。它往往反映了普通大众阶层最为直接的精神愿望，表达了中国大众传统文化的价值系统、民族心理、思维方式和审美理想，深入到日常生活的各个角落，因而必然影响到人们的心理、情绪和观念，从而深刻地体现出中国传统文化个性和地域文化特征，并相沿成习，成为一种象征，一种传统。马氏影壁壁顶垂莲柱之间分为上下各九个空间，每个空间均有砖雕、彩绘、题字。第一层从南往北图案为玉兰、三阳开泰、松鹤延年、文房清供、玉壶、笔墨纸砚、双马、双鹿、梅花；第二层是灵芝、桂花、月季、荷花、册页、菊花、莲花、牡丹、兰花，那荡漾在砖雕中的气韵秀润闲雅、疏朗空旷，层层间间彰显主人的良苦用心。同时，九间仿木结构相映成辉。在传统建筑中，"九"是阳数中最大的数。《易经》中有"用九：见群龙无首，吉"的卦辞。九间是最高的建筑规格。"九"同"久"谐音，隐含着主人希望子孙事业辉煌、生活富足且长长久久。梁间朵朵鲜花次第开放，使原本冷冰冰的砖墙充满了诗情画意。迎风搏雪的梅花，象征子孙刻苦耐劳，坚强刚毅；深谷清香的兰花，临风潇洒，隐含主人高洁、典雅的"君子"气质；"并蒂同心"的荷、莲，是对美好爱情的祝福；"雅致长寿之君"的菊花隐喻福寿安康且儿女成群、多子多孙。同时，"笔墨纸砚""鹿衔芝草""马到成功"是考取功名的象征，是对儿孙最好的祝福。另外，壁心的"五蝠捧寿"同样精彩。据《尚书·洪范》载："五福：一曰寿，二曰富，三曰康宁，四曰攸好德，五曰考终命。""五蝠捧寿"

41

一般由五只蝙蝠组成，但此处图案构思巧妙，独具特色，岔角四只蝙蝠围绕中心一个"鹤头福"字，福字第一笔为鹤头的形式，寓意鹤寿，从而巧妙地形成"五福捧寿"图案。以此祝愿家族老幼长寿、富裕、安康、有德行、老年无疾而终，这绝对是完美人生（图2-26～图2-33）。

图 2-26
马氏故居影壁

图 2-27
影壁背面

图 2-28
影壁侧面

图 2-29
影壁主人夫妇

图 2-30
马氏影壁细节

图 2-31
马氏影壁背面局部

图 2-32
桂花、莲花、荷花

图 2-33
菊花、荷花、牡丹

2.3.2　郭氏住宅双影壁

　　郭氏住宅双影壁位于莱州市金城后坡村658号。两座影壁都属于硬山一字形砖影壁，一座位于院内与大门相对，一座位于院中与正房相对；从功能上，前者只是单纯具有影壁功能，后者在影壁基础上增加天地神龛，共同成为护佑家族的屏障（图2-34、图2-35）。

图2-34
入口影壁

图2-35
院中影壁

　　入口砖影壁在构造上具有比较典型的莱州特色，影壁由壁座、壁身和壁顶三部分组成。壁座由两层巨大的花岗岩条石砌成，率意朴拙，有雄厚奔放的气韵。壁心"温柔以待"，设计为白灰抹平的软心，上面绘制麒麟踏祥云，麒麟是仁兽，是仁与善的化身，同时是多子多福的象征；软心四周用砖雕刻出仿木结构的边框装饰，边框之外砌"撞头"，"撞头"的青砖为丝缝形式砌筑，上下排列形式为"两丁一顺"，非常美观。壁心四周还有精美的砖雕：如意纹柱子、寿桃形礤、"盘长"耳子，处处充满了主人的深情：祝福家族兴旺、子孙绵延、富贵吉祥。

　　不过，此影壁最精彩的砖雕还在于壁顶部分，它上下排列两层，上层，自左向右为双柿、白鹭、鸳鸯、仙鹤、佛手、双燕、凤鸟、兰花、寿桃；下层：马、猫、鹅、鹿、龙、虎、牛、狮、荷花。这些浅浮雕表面敷蓝、绿等色彩，虽历经百年风雨，色彩、形态完美如初，堪称经典。细细端详，心生欢喜，这些雕刻造型一点也不虚张声势，几乎全是日常的美好，主人将他的胖鹅、憨牛、乖猫、吉燕，全部端出，镶嵌在风里、雨里，镶嵌在永世的记忆中，喜气安静而从容。除了日常造型，那些镌刻在中国人骨子里的风花雪月也是有的，你看那荷花、兰花、梅花呼之若出，"出淤泥而不染""芝兰君子性""梅香苦寒来"，借物言志，院落主人的超凡脱俗和高洁情趣也不言而喻。当然，那期盼子孙"龙凤呈祥"、祝愿夫妻"鸳鸯双栖"、祝福生命"鹤寿千年"、希冀事业"事事顺意"也是必不可少的。正如罗兰·巴特在他《罗兰·巴特自述》中所说："生活是琐碎的，永远是琐碎的，但它居然把我的全部语言都吸附进去。"琐碎之间，足显真意，足以感受事与物的格局，既能保持着细节的生动与微妙，又蕴含家长里短的温暖，这一砖一雕令人叹为观止。

院中影壁更是匠心独具，此四合院南面建有倒座，没有合适的空间设置天地神龛，同时正房"无壁可依"，于是在正房与倒座之间设一影壁，将影壁与天地神龛结合在一起。民间工匠为突出影壁的实际功能，有意减弱影壁其他装饰，将中心的天地神龛雕饰得精美绝伦，而壁顶檐口则相对比较简约，装饰纹样只有一排，且内容以葫芦、花篮等暗八仙装饰为主，与神龛中的"天公地母"形成统一仙界，祈福保佑家族，慈荫锦堂。整座影壁，既有现实生活的美好，又有神灵的护佑，在山高水远里彰显人间真意。

2.3.3 山墙影壁

影壁是民居的一道屏障，以沉稳著称于世。而山墙影壁则是稳中求变的小主，虽依"山墙"而生，但位置、尺度、形式却是依据大门而定，个性十足。

有时，它是乖巧的书生，沉稳自觉地跑到山墙正中，彬彬有礼，温文尔雅；有时它是莽撞少年，顾此失彼，为了呼应住宅东南角的大门，它不管山墙是否体面，硬是跑到山墙一边，造成山墙在视觉上的不均衡，但成全了街门的威武；有时它是张扬的青年，为了挡住院中的某些煞气，它硬是将身体探出山墙之外，牺牲自己，成全别人，使庭院风水平稳，家宅平安。不过，山墙如慈祥的长辈，宽容它的东奔西颠，因为不管疯到何处，难逃其手心，谁叫它是"山墙影壁"呢（图2-36～图2-38）。

图 2-38
伸出山墙的影壁

图 2-36
山墙影壁（1）

图 2-37
山墙影壁（2）

2.4 天地神龛

　　过去，在胶东农村，供奉天地神是一种民俗习惯。民俗是人类在长期发展过程中形成的，与老百姓的衣食住行、礼仪、信仰有关，是一种民间文化的沉积。中国人自古具有天神信仰的传统。"万物本乎天"的观念包含在深层的民间信仰之中。在中国人的信仰里，天不是自然之天，而是宇宙万物的主宰，人世间的一切事情都由天来决定，"生死在天""观乎天文，以察事变"。土地是万物之源。万物土中生，土能载万物。它是丰产的沃土、生命的温床。《易经·系辞上》曰："天尊地卑，乾坤定矣。"在中国人的观念中，虽天地有别，但在祭祀天神的同时也祭祀地神。慢慢地，人们把超自然的信仰人格化，在人们的观念中，逐渐形成了天公地母等神灵的形象。天公是指神明界最高神即玉皇大帝，天地万物由他而创造，他是至高无上之神。地母是指后土娘娘，全称"承天效法厚德光大后土皇地祇"，是道教尊神"四御"中的第四位天帝，她掌阴阳，育万物，称为"万物之母，大地母亲"。过去胶东百姓靠天吃饭、依地而生，凡事都要在天地神龛前烧香祷告，点一炷香，奉一碗饭，祈求"天公作美""物产丰饶""春种一粒种，秋收万石粮"。平时婚、丧、嫁、娶的仪式也要在天地神龛前完成，让天地之神作证。每年大年三十至正月十五，全家族的人会一起祭拜，最传统的礼仪是：大年三十晚上打开大门，穿戴整齐，并依长幼顺序上香，行三跪九叩礼；初一早上的第一炷香和纸钱是烧给天地神的。那仪式之隆重、心态之恭敬，是今日的人们无法想象的。今天胶东人过春节虽有尊天崇地习俗，但往往只是上香祝祷而已。在调研中，有时和老乡聊起以前种种民俗、礼仪，其庄重、神秘的过程令人动容，真的很是感慨，那时的"年"才叫"过年"，现在的小孩子已无法体会到那种"年味"——"团圆""喜乐""神圣"。

　　在过去，胶东农村家家户户都设有天地神龛，龛位一般设在正屋对面位置，有的依附于院中影壁，有的位于院落南墙，有的坐落于倒座的北墙上，但无论在哪个位置，一般是与正房相对应，成为院落内一个重要构成部分。龛位的外形依据自家的经济实力，有的非常简单，就是一个高40cm、宽20cm的长方形小龛；有的会在龛顶有点小设计，如雕有莲花纹、如意纹等，有的则比较讲究。笔者在莱州金城镇大沙岭村调研时，发现两座雕饰精丽的神龛，砖雕之精细，比例之协调，技艺之精湛，令人叹为观止。两座神龛均为砖雕仿木结构三间硬山式建筑，高约60cm、宽40cm。相比之下，一座相对简单，但也是雕梁画柱，龛顶扣瓦、滴水、橡子雕刻精细，山墙墀头的戗檐砖和荷叶墩等部位古典别致；梁柱皆用云纹、回纹阴刻装饰，寿桃形垂柱间刻有双桃、佛手、双柿，正间墙上刻"天地之位"，两面刻对联"居中央赐福，面北极呈祥"。整座神龛传神抒情，耐人寻味，令人肃然起敬。另一座神龛的细节设计更加精美传神，一是对联含义更具气魄，神龛自左向右书"天地之大也""鬼神其盛乎"；二是底座设计更加传神，座中瓣瓣莲花次第绽放，束腰设计简约清丽；三是增加一对双狮抱鼓石，盈寸小狮玲珑精秀，接引天地，妙在法常，与影壁顶部的雕刻相映生辉，"澄澹精致，格在其中"（图2-39～图2-46）。

图 2-39
大沙岭民居神龛（1）

图 2-40
大沙岭民居神龛（2）

图 2-41
天地神龛（1）

图 2-42
天地神龛（2）

图 2-43
天地神龛（3）

图 2-44
天地神龛（4）

图 2-45
天地神龛（5）

图 2-46
天地神龛（6）

本章摄影：刘栋年、李泉涛、刘国哲、王文卿

3

有室之用

老子《道德经》云："凿户牖以为室，有室之用……""室"对于胶东老百姓来说，就是民居的正屋，它包含了正间、次间、套间。胶东老百姓世世代代在"室"内尊祖敬神、饮食起居、养儿育女、接人待物，平和温暖地度过一生。

3.1 室内布局

《宅经》曰："宅者人之木，人者以宅为家。居若安，即家代昌盛；若不吉，即门族衰微。"宅求其安是终极目的。"安"包括安定、安全、安稳、安适、安乐。宋代哲学家邵雍就把自己的居所称"安乐窝"。一个"安"字道尽中国传统民居的全部寄托。围绕着"安"字，中国民居从虚的观念到实的形制，在天上、地上、人间，下足了功夫，做足了文章。也许，世界上只有中国人才如此地把他们的全部梦想和祈求，把他们的今生来世和子子孙孙无穷无尽的幸福，统统寄寓在择居建宅之上。正因为寄寓的是人生的一切，所以安居或者居安在中国人的生活中才显得这般重要，这般值得关切。

胶东民居平面布局与胶东的民俗、生活习惯以及地理气候条件密切相关，是绝佳的"安乐窝"。胶东半岛为多山和丘陵地区，当地沿海村落多选择阳坡、面海、地形较平缓的地方建房。由于基地较紧张，所以村落中房屋密度较大，院落适中，街道较窄。村落多沿山坡横向展开，呈条状布置。民居一般由正屋、厢房和南屋组成，房屋的建造要依风水来定，房屋搭配不能有丝毫马虎。谚语说："有西不配东，家中无老翁；有东不配西，家中无老妻。"每户民居多为一进三合院或四合院布局，三合院由北侧的正房、东西两侧的厢房和南侧的院墙组成。中国人崇尚单数，正房一般为三开间、五开间，个别也有七开间。三开间室内空间以正间为中心呈对称式布局，左右各为东次间、西次间。五开间则在此基础上东西各增加一个套间，以满足传统儒家文化关于"礼""乐"的和谐之美（图3-1）。其实，这种民居的"和谐"之美，不仅仅是因为儒家之礼数对中国人心理的影响，更是契合人类的某种审美的生理和心理机制。西方著名美学家乔治·桑塔耶纳在其《美感》一书中说："对称所以投合我们的心意，是由于认识和节奏的吸收力。当眼睛浏览一个建筑物的正面，每隔相等的距离就会发现引人注目的东西之时，一种期望，像预料一个难免的音符或者一个必需的字眼那样，便油然涌上心头。如果所望落空，就会惹起情感的震动。"他又说："在对称的审美中可以找到这些生理原理的一个重要例证。为了某种原因，眼睛在习惯上是要朝向一个焦点的，例如朝向门口或窗洞，朝向一座神坛，或一个宝座，一个舞台或一面壁炉，如果对象不是安排得使眼睛的张力彼此平衡，而视觉的重心落在我们不得不注视的焦点上，那么眼睛时而要向旁边看，时而又必须回转过来向前看，这种趋势就使我们感到压迫和分心。所以，对所有这些对象，我们要求两边对称。"

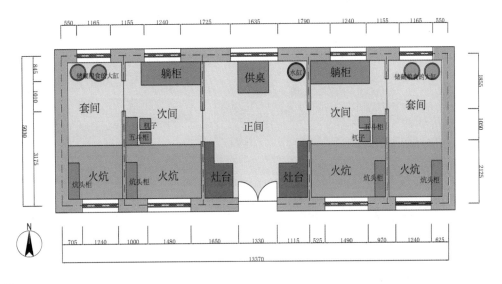

图 3-1
胶东民居室内空间平面图，炳健绘制

3.1.1 正间

正间，天生有一种正大、仙容、庄重的气魄。

胶东的正间即明间。它通常进深为 3～5m，宽为 3～4m，整体尺度不是很大，但它不但承担了遮阴避寒的功能，还具有社会、意识形态等多重意义。

首先，它是家庭生活之所。进得正间门，左右两侧各有一个大灶台，一家人所有的饮食梦想都在这里呈现。灶台的上方供奉灶王爷，灶王爷坐东朝西，每日宽厚、仁慈地关爱着一家人，保佑着一家人的平安、稳定。灶台旁放有一大水缸，防火是居家过日子的大事，牟平谚语"门子要紧火要紧"、烟台谚语"穷灶台，富水缸"，告诫人们锅灶前要少堆柴草杂物，以防失火（图3-2、图3-3）。

其次，正间是礼仪、会客之所。每到过年过节、婚嫁之时，胶东人习惯在正间举办隆重的仪式，拜见长辈、平辈，主人留客人在此聊天、吃饭，充满喜庆、愉悦的气氛。同时，它是祭祖之所。每逢佳节，烧香供奉，极为隆重。尤其除夕之夜，在正间的北墙左边壁龛供财神右边壁龛供观音，中央供奉家谱，家谱的年代基本依据孔了"君子之泽，五世而斩"所列，家谱之下设有供桌，桌上摆供品，一般放置三碗米饭，三双筷子，大枣饽饽、糖果、点心各一盘，桌子前面正中放香炉，左右一对蜡台，庄重、恭敬。傍晚，一家之主带领家中老小到村口请祖宗回家过年。每到此时，村子被鞭炮的香气覆盖，一股浓浓的亲情笼罩在村落上空，盘旋回绕，直到正月十五之后方慢慢散去（图3-4～图3-6）。

图 3-2
灶台

图 3-3
灶台正面

图 3-4
正间贡桌

图 3-5
春节祭祖（1）

图 3-6
春节祭祖（2）

再次，正间是友爱之所。在胶东，正间不仅充满了人与人之间的大情小爱，也洋溢着对小动物们的关爱。在这里，人与动物和谐、友好相处，主人为了方便小动物进出，屋门上方会留有燕子进出的"燕窝"，门槛下会为猫咪的进出辟一方"猫道"。胶东人心灵手巧，将巴掌大"燕窝"设计得别具特色，有葫芦形、寿桃形、心形、方形等，吉祥如意，饱含真情，让堂上燕每日在各色的洞洞中来去自由。调研中，每每看到此类的设计都感慨万分，以前，人与动物、与自然是多么亲近，"春生，夏长，秋收，冬藏""子钓而不纲，弋不射宿""春三月，山林不登斧斤，以成草木之长；夏三月，川泽不入网罟，以成鱼鳖之长"，相互尊重，良性持续发展。春天，正午，猫咪在腿边，全家人围坐桌边吃饭，燕子拖儿带女在梁间呢喃，主人是不是呵斥一声那只对燕子母女觊觎很久的猫咪；冬日，猫咪在炕头、在小主人怀中呼呼大睡，生动、鲜活、温暖人心！可是，到了今天，人与动物、与自然有了各种各样的距离，那种"几处早莺争暖树，谁家新燕啄春泥""山气日夕佳，飞鸟相与还"的和谐日子越来越少了……（图 3-7～图 3-10）

图 3-7
带燕窝屋门

图 3-8
葫芦燕窝

图 3-9
桃形燕窝

图 3-10
如意燕窝

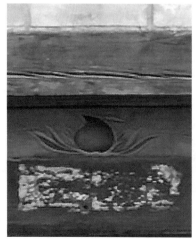

因此，在胶东，传统意义上，正间充满了家长里短的世俗感、婚丧嫁娶的庄重感、尊祖重俗的仪式感、燕飞猫跳的亲情感，是"其乐融融、和睦亲爱"的空间（图3-11）。

莱州民居室内布局示意　刘栋年绘

图 3-11
胶东正间、次间室内布局，
刘栋年绘

3.1.2 次间

次间，有一种谦让、温暖、笃定的美。

胶东民居，在正间的两侧，便是次间的天下。胶东人家族观念强，喜欢"一大家子"住在一起，一般"三世同堂"的较多，家族的居住关系延续传统"男女有别、长幼有序、尊卑有等"的习俗，东为上，通常祖父母住在东次间，父母住在西次间，儿女分住在东西套间，全家老小同居一屋，尊老爱幼，其乐融融。

次间较正间稍小，一般进深 2.6m，宽为 3～5m。《黄帝宅经》认为，宅有五实，"五实令人富贵"，其中第一条"宅小人多一实"，屋小人气足，符合中国人对居室的追求。进得东次间，一般迎面东墙上挂着一面大镜子，镜子下方桌子上陈设座钟、花瓶，寓意"终生平安"，一生稳妥过日子，可以说是胶东老百姓最理想的生活状态。紧挨桌子的右侧砌有火炕。火炕用土坯或砖砌成墙体，用土坯做台面，上面铺席，下面有孔道，跟烟囱相通，可以烧火取暖。冬日，躺坐在热炕上，外面寒风凛冽，而身下是热乎乎的火炕，"老婆孩子热炕头"，非常舒心、温暖。假如有客人来，火炕就变成会客厅、餐厅，主客围炕一坐，吃烟聊天，好不惬意。除夕夜，全家围坐热炕头，点灯熬夜，辞旧迎新，彻夜不眠；夏天，撤掉火源，火炕上铺上竹席，又变成一处纳凉的好地方，"散发乘夕凉，开轩卧闲敞"，轻松、自在。火炕一般宽 1.6m，长 2.3m，炕上空间利用得十分紧凑。一般靠近东面墙的火炕上放置一张炕桌，这小炕桌平日既可以收纳零散物品，白天又可以将被子收起一层层地摞在上面，十分便利（图 3-12）。

火炕西墙则设计得较为实用，为节约正间空间，正间两边的锅台伸进次间约 30～40cm，因此，西墙体结合此特色，没有直接到顶，而是利用梁架的结构一般留有高 35cm、宽的 30～40cm"过棚"。这留出的"过棚"便是极好的收纳空间，在 20 世纪 70 年代、80 年代初，家家户户几乎没有零食，仅有的一点水果、点心只给家里的老人享用且往往储存在此处，于是这小小的收纳处便成了孩子们向往的"零食天堂"。笔者生于 20 世纪 70 年代，小的时候，爷爷奶奶经常变戏法似地将此处的糖、水果送到我的口中，那种美好、惦念，永远是心底最温情的暖。西墙立面处设有灯窝，灯窝一般高 30cm 宽 20cm，距离火炕 50～60cm，这个高度正适合坐在火炕上的人通过灯窝观察正间的情况。灯窝内壁镶嵌玻璃，晚上在灯窝中点上油灯，正间、次间都可用它照明，一举两得，节约能源（图 3-13）。

胶东的冬季相对寒冷，房间之间多用厚厚的土坯墙分割，当然也有特殊的做法，莱州金城马氏故居第一进的会客空间采用木格栅分隔正间、次间，此种形式典雅大方，实属少见。据说房屋的主人在北京经商，见多识广，将苏州的木制落地格栅用于室内分割，由此可见，胶东民居风格的形成，既有地方特色，也融于了不同的地域文化。

图 3-12
牟氏庄园火炕

图 3-13
带灯窝、过棚的西墙

胶东地区，东次间靠北墙比较常见的是安置衣橱、书桌等家具以满足家中储存等需要。但同样的功能有的家具却极具地方特色。莱州大原、朱由等城北区域，多放置木制"躺柜"，躺柜外形简单，类似一巨大的长方体，是当时莱州城北沿海一带闺女出阁的嫁妆。"躺柜"长度一般依北墙而作，宽度多为 75～80cm，高度 90cm，底部两端用两块厚木条或两个矮腿的长木凳垫在柜下做腿。柜内分三格，顶部采用三块推拉式的木板覆盖，中间的盖子能压住两边的盖子，还镶有里锁，锁上之后，若不打开中间的盖子，两边的盖子也打不开，隐秘性很好。三个格子内部空间很大，几乎可以容纳全家的衣物。高档的躺柜，把中间一格改装为两个抽屉和两扇门子，抽屉和门子都可以上锁。同时，躺柜具有一物多用的功能，合上躺柜的盖子，就是一张多功能桌，上面可以摆放电视、茶具等，这样既节约了空间，也具有了实用价值。因为躺柜是新婚夫妇使用，颜色多为艳丽的红色，上面一般描画牡丹、孔雀等花好月圆的祝福或者是猫、蝴蝶、菊花等寓意长寿的意境，十分应景（图 3-14）。

躺柜是当地人家主要的家具之一，因此制作过程相当隆重。殷实的人家，在材料、工艺、绘制上都十分讲究，掌握此类手艺的工匠因此非常受人尊重，时至今日还令人津津乐道。笔者在莱州大原村一民居调研中，80 多岁的老人兴奋地说，"我这躺柜是画匠明画的"。那种延续了几十年的自豪感今日听来依旧让人感动。据了解，躺柜为 20 世纪 60 年代所制，现表面因年久氧化红色已蜕变为褐色。据《莱州大原村志》记载，主人口中赞不绝口的"画匠明"是张永存、张永明兄弟的尊称。他们二人曾在村中开设画匠铺，专门从事油漆画

的营生。画躺柜，是他们的拿手技艺。绘制时，一般先用砂纸打磨柜面，待平整光亮后用桐油兑上硫化汞油漆柜面，晾干，再用滑石粉涂搽，让其发涩，便于作画。接下来，加木胶熬制作画的颜料，趁热作画。待画面干后，把整个柜面涂上一层清漆，以固定保护画面，增强明亮程度。因柜体分为三格，柜面绘画也对应三部分，中间位置最为精彩、关键。此躺柜画面中心为一棵风姿绰约的牡丹，饱满、柔媚，春风得意、随风摇曳，一只机灵的家猫隐藏花下，双目炯炯抬起，右爪欲捕捉飞舞花丛的蝴蝶。上方的燕子左右盘旋，与右边的兰花对应，这样中心与右边画面自然联系在一起；画面左边部分的菊花，虽勾勒简单、寥寥数笔，但构图走向与中心牡丹相映相辉，实属生动可人。画面中猫蝶（耄耋）、牡丹、兰花、菊花、燕子，相互照应，充盈、生动、有趣，活灵活现，透着团圆、长寿、幸福美满的气息，足见民间画工精良的绘画水平（图3-15、图3-16）。

图 3-14
红色躺柜

图 3-15
大原村民居躺柜

图 3-16
躺柜局部

3.1.3 套间

套间，小而私密，喜滋滋，透着满足与小确幸。

紧挨次间便是套间，如果五开间的民居，套间则分为东、西套间；如果是四开间，套间多设在西侧，即西次间的里面。这样的安排非常合理，西次间多为父母辈居住，孩子小时可以与父母共居一炕，稍大便可以分炕，住在套间，这样方便父母照应孩子。因此，套间虽小，如果有儿女居住的，依然设有火炕等日常生活所需。另外，套间也常常具有储存功能。在物资相对贫乏的年代，粮、面、点心、水果等储藏在套间一到两口的大缸中。这大缸盛满了全家的美好愿望，也储存着孩子们对节日美食的无穷想象。

3.2 室内装饰

毛白滔在《建筑空间的形式意蕴》中提道；"许多地方的传统建筑能够洋溢出动人的美，恰恰是因为，人们在这些建筑中看到了当时人们的生活风习，感受到当时人们的精神状态，思想感情以及审美情趣，并引起某种程度的'共鸣'——看到这些建筑'躯壳'内所珍藏的灵魂。"走进胶东民居，了解他们的衣食住行，感受他们对生活的热爱，看到他们充分利用身边的物品，自力更生地装点家园，更加钦佩他们的勤劳与智慧。实用的虚棚，生动有趣、艺术感极强的窗花、窗裙、挂笺，一草一木，小材大用，自由发挥，将生活中最本质的美展现出来。

3.2.1 虚棚

虚棚，洋气、舒适，温暖着胶东的家家户户。

在胶东民居中，一般讲究的人家，会在东西次间及套间制作顶棚，胶东人称之为"虚棚"，也有的地方叫"仰棚""仰神"。虚棚可以说是实用与艺术、结构与审美相结合的产物。胶东冬季较为寒冷，如果室内空间过高，对于保温和采暖都是不利的，因此，梁架之下设有"虚棚"有利于室内保暖；同时，如果梁架裸露，会经常有灰尘堆积，虚棚能够接住灰尘，保证室内的干净整洁。同时，由于它的构造不受屋顶结构的限制，形式上有较大的自由，可以灵活地变化，构成一种新的室内空间的感觉，由此而达到极美的装饰效果。

在胶东，人们就地取材，以高粱秸绑扎框架，再经裱糊，便成了虚棚，胶东人称之为"扎虚棚"。每到春节或者儿子娶亲之前，村民会忙着"扎虚棚"装饰房间。整体工艺与今日铝合金吊顶结构相仿。扎虚棚有两大工艺，一是扎制骨架，二是裱纸贴花。

扎制骨架：首先选择粗细匀称高粱秫秸，将它掐头、劈净枯叶、晒干，清理干净利索。一部分高粱秫秸留着根，扎虚棚主骨用，另一部分铡去根和梢，打横梁扎支架用。吊主骨时，将带根的高粱秸用火烤直，再并上一根高粱秆，用竹签串在一起，缠上一寸来宽的旧报纸条，然后用麻披绳扎结实，牢牢地钉在房梁上。主骨一般并排13根吊筋，南北走向，每根吊筋之间间隔大约30cm。主骨钉好，再开始打横梁。沿墙四周钉一圈小木板，小木板外面又钉秫秸，主骨和横梁交接处用麻披绳扎紧，把多余的秸秆顺势掰弯，用麻披绳缠起来系好，钉在墙上。中间不平的地方附上削好的秫秸用竹签钉起来找平。所有的骨架都搭好后，横平竖直，错落有致，朴素又耐看。

裱纸贴花：在完成骨架之后，接下来裱纸贴花。裱纸分三个步骤，第一步：糊报纸，把旧报纸裁成宽条，一行一行顺着骨架糊。第一层糊完，略停一停，待稍干时，紧接着糊第二层，第二层用整张的报纸；第二步：贴印花纸。印花纸的颜色、图样丰富多彩，每家根据女主人的喜好选择，艳丽的、素雅的、端庄的……贴印花纸时，需等糊的报纸自然晾干后用事先选好的印花纸整体覆盖。第一张印花纸从最里面的角上开始，打好了直线，一张压着一张的边，一行一行往外糊，每一张纸都对得严丝合缝，边边角角衔接得一丝不苟。第三步：收边、装饰。最后在虚棚边角处、中心部分，用黑油光纸裁条或剪成吉祥图案装饰，粘贴于"梯形"虚棚印花纸四周进行收边、装饰。条形黑油光纸装饰为1条主线2条辅线并行的风格，主线3～4cm，裁成上下直边或一侧为波浪形，辅线为1cm，形成1主2辅的收边方式。中心部分则用黑油光纸裁成吉祥如意的图案，一般中心为圆形镂空，四周为图案装饰，形成"五福捧寿""金玉满堂"的吉祥寓意。印花虚棚经黑油光纸点缀，原本"乡野村姑式"印花立马有了"儒雅俊秀范"，在五彩流韵中自成风格（图3-17、图3-18）。

图 3-17
五福捧寿虚棚

图 3-18
某民居虚棚局部

喜鹊登梅是传统虚棚常见的吉祥装饰图案之一。此虚棚在繁花似锦的双喜印花纸装饰中，一组喜鹊登梅的剪纸飞跃其上。梅花是春天的使者，喜鹊是好运与福气的象征，喜鹊登梅寓意吉祥、喜庆、好运的到来。此处，黑色的剪纸与香艳品红、粉绿热闹扎堆，恰到好处地烘托出一幅甜美、温馨的生活场景，那欢快的喜鹊仿佛活了起来，唧唧喳喳，与满屋的"双喜"勾勒出"洞房花烛夜、金榜题名时"的美好愿望（图3-19）。

图 3-19
喜鹊登梅虚棚局部

3.2.2　剪纸

剪纸，一把剪刀，剪出风花雪月四月天。

胶东人称剪纸为"花"，制作叫铰花、抠花、染花。明朝万历年编纂的《莱阳县初志》中就有"以剪纸贴花灯，以彩纸挂门楣"辞旧迎新春的记载。自古以来，逢年过节、婚嫁喜事，家家户户都要剪窗花、剪墙花、挂窗裙、贴门笺，把室内布置得流光溢彩，以示吉庆。烟台牟平、栖霞民间流传着剪纸歌："小纸片方方正，用它抠花多威风。抠一对鸳鸯，抠一对鹅，抠一对兔儿跑山坡，抠一对小羊吃青草，抠一对小孩闹呵呵。"胶东剪纸，一把剪刀一张剪纸，剪出了喜悦，剪出了古朴的民风，更剪出了人们的聪明才智，以及对美好生活的向往。剪刀下游动的金鱼，生生不息的莲花，如水的流线，组成了"金玉（鱼）满堂"；"喜叫哥哥（蝈蝈）"，修长威猛的螳螂、鲜美的水萝卜组成"螳螂口头里叫蝈蝈，背心里掏家伙"的幽默谚语；俊美的梅花鹿、引吭高歌的丹顶鹤组成"鹿鹤同春"；还有"鲤鱼串荷""凤戏牡丹""喜鹊登梅"等。这些剪纸代表人们对于幸福、美好、富庶、吉祥的向往和追求，使人百看不厌、回味无穷。

同时，剪纸多选用红色，红色具有祛除邪祟、护佑生命的内涵。尤其在乡间，在重要的庆典上，在儿女成家、建房上梁时，红色是必不可少的存在。新房主梁上还必须悬挂大红梁布，俗称"披红"或"挂红"，寓意吉昌和顺利。因此，小小的红色剪纸贴在家中，带给人们内心的憧憬、喜悦是无法言表的。

（1）窗花

窗花，玲珑可人，寄情纳意，百变吉祥。

清代李渔《闲情偶寄·器玩·位置》中说道"人欲活泼其心，先宜活泼其眼"，眼界关乎心境。的确如此，"心随景变"。旧时在胶东，再清寒的日子，老百姓也过出了自己的姿态与欢喜。为避风寒，窗户用白色毛头纸裱糊，每年春节前会更换新的，新换的窗纸虽然干净、清爽，但缺乏喜庆气息，于是用红纸剪出各种图案传达幸福、乐观、自信的生活态度。李强先生在《烟台民间剪纸》一文中提道："胶东农村有条棂窗和小方格密布的雀眼窗两种，窗花的形式也适应窗式结构而变化。龙口以东地区是条棂窗，中央贴大窗心，四角贴角花，间隙中布满小花。条棂窗窗花呈逐条形，数条成组，越窗组合成幅，称为'窗越'，当地称为'窗心'。莱州以小方格密布的雀眼窗为主，窗花多小品，百幅成套，如百子图、百鸟图、百蝶图等。窗户是旧时展示剪纸艺术的平台，因此窗花荟萃的剪纸题材也最为广泛。"由此可见，胶东的窗花，各地依据窗格空间的尺寸、格式，小到3cm以内，大到20～30cm，依次排列，相互照应，共同形成美妙的视觉艺术。黑黑的窗棂既分割了画面，同时又装饰了空间，你框有我，我框有你，交互配合，形成"一地有一地的风采，一地有一地的情怀"。这样用心巧合的窗花，怎不令人赞不绝口（图3-20）？

图3-20
福山窗花

（2）窗裙

窗裙，婀娜华美，以窗为底，风情绽放。

胶东烟台、牟平、福山、栖霞、招远等地旧时春节多悬挂窗裙，也称窗围子、窗飘带。它整体面积依据窗户的大小，有 $80 \sim 220cm^2$ 等多种，样式类似于今日的窗幔，悬挂于窗楣之上，一般呈5个竖条排列，两边较长，中间3条或等长或参差有变，非常灵活。作为窗上的装饰，它一般剪绘并举，用白纸勾出轮廓，叫做"坯儿"，在"坯儿"用毛笔施色勾画。这种剪绘结合的方式是胶东地区仅有的，获得专家一致赞赏。

过去，老百姓逢年过节最主要的娱乐就是看戏、听书、扭秧歌，剪纸高手会将这些熟悉的戏曲故事、人物造型仔细揣摩，经过自己的理解、变异，形成独特的艺术手法，呈现出《西厢记》《吕洞宾三戏白牡丹》"莲生贵子""葡萄生子"等大家耳熟能详的戏曲、传说或寓意喜庆的纹样。烟台福山，戏剧票友较多，这一带的窗裙，常剪成一座座戏楼，有一层、二层、三层乃至五层的戏楼，每层画面都有戏演，《吕洞宾三戏白牡丹》《借东风》……精彩、热闹，堪称经典。就这样，剪纸高手将一台台好戏搬到了自家炕头，这种"炕头上的艺术"不仅能展现其精湛的技艺，还能成为大人为小孩讲故事，传播传统文化和艺术的舞台，一举多得。在剪纸艺术的表达上，除民间巧手的日思夜想，也有画家或文人的参与。郭万祥先生在《胶东剪纸》一书中提道，莱州清代画家张士保，曾帮助妻子画过"八仙庆寿""鹿鹤回春"等窗染花儿的样稿；他的学生刘鸿宾也曾精心画过"老鼠娶亲"的剪纸画稿，画样明显是以清末贵族富户嫁娶的排场为背景，用拟人的手法把抬嫁妆的、执事的、抬花轿的及各色吹鼓手等浩浩荡荡的"老鼠娶亲"队伍画了出来（图3-21～图3-23）。

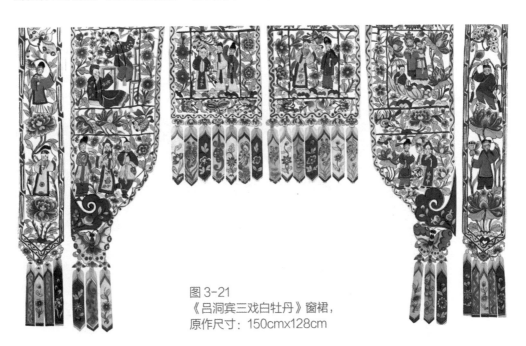

图3-21
《吕洞宾三戏白牡丹》窗裙，
原作尺寸：150cm×128cm

65

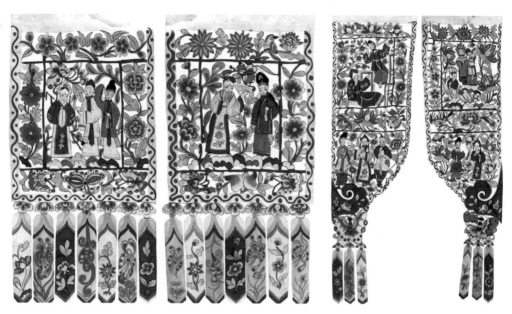

图 3-22
窗裙局部（1）

图 3-23
窗裙局部（2）

窗裙生来就是为美而来，它华丽、盛大，看一眼就让人乱了方寸、欲罢不能。桃红、水绿、艳红、宝蓝，你不让我，我不让你，一窝蜂地展现着自己的妖媚。在《吕洞宾三戏白牡丹》窗裙中，整体画面打破常见的条幅式，用一棵婉转起伏的葡萄藤蔓缠绕展开，水红的白牡丹眼含秋波、窈窕妖娆地端坐在蔓上，宝蓝色的吕洞宾风流倜傥地立于葡萄树下，二者遥遥相对，一副"云想衣裳花想容，春风拂槛露华浓"的姿态。中间是月下老人、晶莹欲滴的葡萄、机灵活波的小老鼠、可爱的童子、绕枝绽放的莲花，在红粉柳绿中演绎长长久久、缠绵美好的爱情。试想，在红彤彤的春节，窗棂上白纸如底，沉稳的棂条如柱，窗裙如戏，一番热闹的舞台剧日日绽放，轻松、愉悦，全家人怎能不欢欢喜喜过大年（图3-24）？

图 3-24
《吕洞宾三戏白牡丹》窗裙

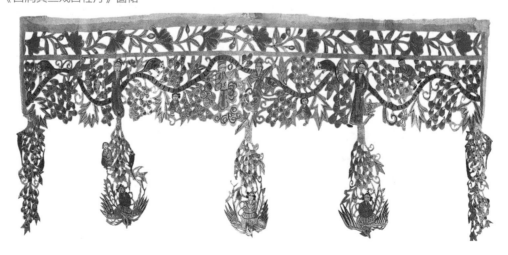

（3）挂笺

挂笺，纸片虽小，美意婉转，深情荡漾。

"挂笺"是胶东烟台、牟平、福山等地百姓家过年的门上挂饰，民间流传着"五花纸、罗门钱，贴巴贴巴过新年"的民谣。挂笺一般贴于门楣或窗户楣上，也有贴在照壁、大小车辆、农具、衣柜、粮囤、水缸、牲口槽、纺车、织机、柱子这些物件上的，用烟台老人的话说，"起先过年时，贴的管那儿（注：不管哪里）都是挂笺"。挂笺形如锦旗，有单色、有多色之别。其图案多是规整的几何纹或带有吉祥寓意的花纹、文字，讲究的还会带一定的故事情节，一张一个吉语，一张一图一意。民居大门的门笺位于室外，经常风吹雨淋，一般设计纹理粗犷结实，图案简洁明了。大门门笺一般悬挂5张，采用五色，代表东西南北中五个方位，祭祀五个方位的神（图3-25）。室内的房门、窗等处则设计得精致、讲究、绘声绘色，多采用单色红纸或剪染多色制作，使民居多了一份鲜活、热闹之气，蕴含着生活的无尽乐趣。春节，室外白雪皑皑，五彩的挂笺和年画、春联交相辉映，一番"千门万户曈曈日，总把新桃换旧符"喜庆气氛。

图 3-25
莱阳大门挂笺

这套《牛郎织女》门笺由烟台李强先生收藏，原为20世纪30年代胶东龙口黄山馆镇某户人家制作。其剪染手法采用点染和勾染结合，色调清新、明快。画面以连环画形式依次讲述了"天上人间""乡间放牛""巧遇织女""天河分离""鹊桥相会"五个故事情节。每幅主题通过点缀不同的树木、花卉、鸟雀来表现惆怅、惊讶、欢喜、伤心、团圆等表情，尤其第四幅画面左上的一只小鸟，孤独、哀伤地扭头向外，似乎实在不忍直视夫妻、母子分离的凄惨人生。门笺中的人物形象更是惟妙惟肖、淋漓展现，即使跨越近百年，依然可以打动观者，让人为之"悲欣交加"（图3-26、图3-27）。

图 3-26
牛郎织女门笺

图 3-27
牛郎织女门笺局部

3.2.3 年画

年画，如胶东人般的朴实、执拗，红红火火、喜满乾坤。

"进腊月，早办年，好画子。揭几联。敬门神，贴对联，大红大绿置办年"，这是胶东人忙年的真实写照。每到岁末，当地人"有钱没钱，买画过年"，年画是中国民俗的形象反映，是节日文化风俗的典型体现。它寄托了胶东人对风调雨顺、农事丰收、家宅安泰、人畜平安等祈福迎财的愿望。胶东人依着自家的心愿选择年画，想发家致富就请《财神》回家，祈求阖家幸福就选《天官赐福》，求老人平安长寿选《寿桃、古松、仙鹤》等，姑娘、媳妇们的房间则选相对活泼、喜庆的《踢毽子》《吕布戏貂蝉》《五子夺魁》等趣味感十足的画面。年画一般会张贴到东西次间、套间正对门的墙壁上。胶东人爱看热闹，过年时客人拜年一进门便可以看到，大家相互啧啧赞叹、评论，主人家脸上有光，心里喜气，一年的好日子就这样开始了。

另外，在胶东，腊月二十三，家家户户会在灶间换上新的灶王爷年画，喜气、丰盈，希望灶王爷"上天言好事，下界降吉祥"。一年四季，灶王爷日日在热气腾腾的灶间微笑地呵护家人，驱灾避邪。一张小小年画带给全家人一年的愉悦与满足，也将民间信仰诠释得淋漓尽致，岂不是一举多得的好事？

扎虚棚、剪窗花、挂年画，在春夏秋冬的自然推移中，胶东人以节庆的方式，形成了一种约定俗成的文化规范与审美意识。它集中体现了胶东人民与自然融洽互动，能够从容自如地去感悟人生的真谛、生活的韵味和自然的情致，从而使日子过得更加饱满、富足。

注：本章图 3-18～图 3-21、图 3-23、图 3-25 来源：李强先生博客 http://blog.sina.com.cn/s/blog_937da3970102vpy4.html

图 3-15 来源：王建波先生的博客 http://blog.sina.com.cnoldyantai

图 3-24 来源：郭万祥. 胶东剪纸 [M]. 南宁：广西美术出版社，2010.

本章摄影：刘栋年、李泉涛、王文卿、滕佳楠

4

古雅
门户

"门"是民族文化中最基层的因素之一，具有悠久的历史性和传承性。自古以来，中国人就十分重视门户。《礼记·月令》规定天子和庶民都得"祭五祀"，五祀为"门、井、户、灶、中霤"，其中门为五祀之首。风水典籍《相宅经纂》曰："宅之吉凶全在大门……宅之受气于门，犹人之受气于口也。"同时，中国古代还将一个家族的家风称为"门风"，将一个家族的资望称为"门望"，将儿女嫁娶的理想条件称为"门当户对"。因此，门是一个家族的象征，它被赋予重要的象征意义，它预示着建筑的规模及主人的社会地位、财富和权势等。在人们心目中，观其门便可知其家。

4.1 门的功能

后汉李尤《门铭》曰："门之设张，为宅表会。纳善闭邪，击柝防害。"东汉刘熙《释名》曰："门，扪也，在外为扪，幕障卫也；户，护也，所以谨护闭塞也。"因此，门的基本功能自然在于防卫，以求居者安全，同时可挡风、防寒。掩上门，外人则无法窥视庭院空间；插上门，则能控制出入，抵挡外界危险的人与物的入侵，以保障居所的安全。同时，门还有界定空间的作用。早在先秦时代，我国民居四周就有了边界的概念。"户庭"，即家门，是民居的入口，是区别"家人"和"外人"的界限。门内是内部空间，门外是外部空间，以门为分隔，内外空间清晰明了。

根据传统风水学说，房屋坐北朝南，大门要建在院落东南角"巽"位，坐南朝北的宅子则选择西北角的"乾"位，风水学称这两个位置是"小吉"，把"大吉"的位置留给正座堂屋。正如《阳宅十书》曰："坐北向南开巽门者，水木相亲……发富贵，子孙万辈兴旺。"在胶东，老百姓多遵守风水理念，房子坐北向南，门一般设置在"巽"位上，巽位的两旁东为震卦，南为离卦，震为雷，离为火。在震位、离位之间的巽位安设院门，寓意欣欣向荣。同时，实际生活中，胶东百姓在门的具体位置上还遵守一些日常禁忌，如两家大门不能正对，自家大门不能正对别人家的山墙尖或墙角，不能正对来路，否则会认为不吉利。如果遇上实在无法避免的问题，老百姓会求助风水先生，寻求解决的方法，让他们"略施小技""逢凶化吉"。最简单的方法是在门的一侧立"泰山石敢当"或"姜太公在此"或挂上一面镜子，起到"照妖辟邪"的作用，这样只要百姓心里顺畅了，日子自然就红火了（图4-1、图4-2）。另外，对于门洞的尺寸设计，工匠施工时会依据鲁班尺的"财、病、离、义、官、劫、害、本"计量，门洞的宽度不可在的"病、离、劫、害"四个尺段，而要在"义、官、本、财"四个尺寸段上。《鲁班经》提道："惟本门与财门相接最吉，义门惟寺观、学舍、义聚之所可装，官门惟官府可装，其余民俗只装本门与财门。"因大门风水与百姓生活息息相关，因此，不但建造大门时老百姓非常讲究，平常时节也特别重视与大门相关的风俗，过年插桃枝、挂对联，端午节插艾草等，平时的喜丧嫁娶、生儿育女都通过大门展现。可以说，大门凝结了老百姓的喜怒哀乐、家长里短，在有意无意的开合之间营造着宁静、祥和、美满的气氛。

图 4-1
泰山石敢当

图 4-2
福星高照

73

4.2 门的形制

民居在发展过程中，既受两千多年封建礼制的影响，又受文化民俗习惯以及地理环境等客观因素的影响，经过一代又一代的积累创新，形成极具地方特色的民居文化。胶东地区的大门也是如此，门的形制既符合京式建筑的特色，又具有地方特点。一般来说，民居的门主要有：广亮大门、金柱大门、蛮子门、随墙门等形制。其中，广亮大门等级最高，体现王府贵族人家的专权。在胶东现有的民居中，富裕人家主要是金柱大门、蛮子门，普通百姓则以随墙门最为常见。

4.2.1 具体形制

（1）广亮大门

广亮大门一般面阔一间，门扇安装在屋顶脊檩之下。门额上门簪的数量一般为两个，地位高的安四个。门簪上面有"走马板"，走马板上画有彩画。屋顶不吊顶，裸露着里面的木头结构，建筑学上称"彻上明造"。

（2）金柱大门

金柱大门的特点是门框安在金柱上，等级比广亮大门稍低，外形相对比较轻巧。屋顶多装饰天花板，门扇外面常常绘有苏式彩绘（图 4-3～图 4-10）。

（3）蛮子门

其形制低于广亮大门和金柱大门，是胶东地区一般富裕殷实人家常用的一种宅门形式。门框放在最外面的檐柱上。大门外形轻巧，门外的过道浅，门内的过道深，顶棚多装天花吊顶，一般存放一些物品，并且在紧挨大门的东墙上设小龛供奉门神，予人以心理上的安全感，将实用与礼教结合得恰到好处（图 4-11～图 4-14）。

图4-3
金柱大门（1），
刘栋年绘

图4-4
金柱大门（2），
刘栋年绘

图 4-5
金城民居金柱大门

图 4-6
刘子山故居金柱大门

图 4-7
栖霞李氏庄园金柱大门

图 4-8
栖霞金柱大门

图 4-9
金柱大门的苏式彩绘

图 4-10
木制垂花挂落

图 4-11
莱州蛮子门

图 4-12
莱阳蛮子门

图 4-13
招远蛮子门

图 4-14
门内过间

（4）随墙门

在胶东乡间，随墙门比较常见。它们的特点是大门不是独立的屋宇，而是在住宅院墙上开门并在门上稍作处理。最常见的一种称小门楼随墙门，就是在门洞的上方将院墙升高，上面加一屋顶，顶上用卷棚元宝脊或清水脊，屋面覆合瓦或干搓瓦，屋顶下讲究的还做些砖雕装饰，整体样式相对简单，让人感觉舒服自然，恰到好处（图 4-15 ～图 4-21）。

图 4-15
随墙门侧剖，
孙震绘制

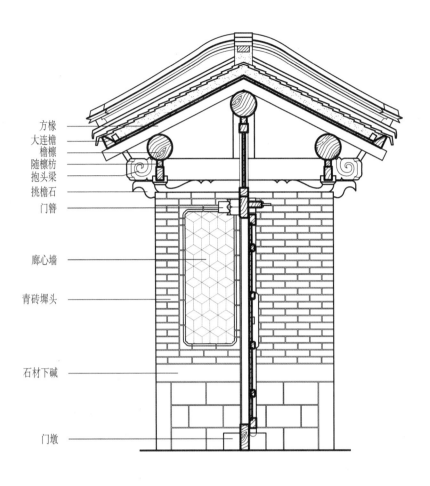

方椽
大连檐
檐檩
随檩枋
抱头梁
挑檐石
门簪

廊心墙

青砖墀头

石材下碱

门墩

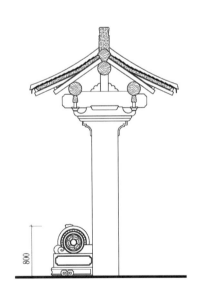

图 4-16
随墙门侧面，正面图

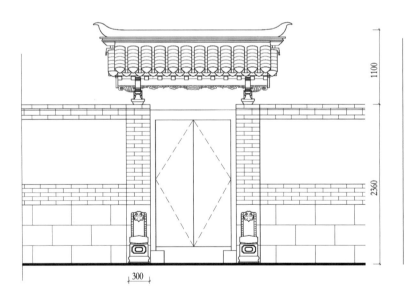

图 4-17
卷棚随墙门

图 4-18
莱州民居随墙门

图 4-19
龙口丁氏故居随墙门，刘栋年绘

图 4-20
简易随墙门，
刘栋年绘

图 4-21
莱阳随墙门，
刘栋年绘

（5）过街门楼

在招远高家庄子存在一种特殊的建筑表现形式——过街门楼。它通常是一个家族总的出入口，起界定家族区域的作用，同时在雨雪天气方便家族人员出入（图4-22、图4-23）。

图4-22
招远过街门楼

图4-23
招远过街门楼，刘栋年绘

4.2.2 经典案例

（1）栖霞牟氏庄园金柱大门

栖霞牟氏庄园是大地主牟墨林及其后裔营建的住宅。它是目前我国保存最完整、最典型的地主家园，也是我国北方最大的地主家园。牟氏庄园入口"西忠来"大门是典型的金柱大门，门面装饰庄重、气派，显示出显赫的门第。屋顶正脊用花瓦装饰成"斜银锭"样式，两端用龙形鸱吻收口，垂脊用五兽装饰，蓝天白云之下，巍巍的屋顶显示出主人的实力及富有；大门台阶由7层青石砌筑，台阶尺寸从下往上，据说一级比一级高一点点，大约只有几毫米的高差，寓意步步登高，样样齐全；门槛极高，有南方民居的痕迹；门框特大，门楼高耸，甚为庄重。大门抱框高达5m，阔3m多，门扇高宽约2m有余，在黑色大门上用金漆书写"耕读世业，勤俭家风"，颇有气势。大门的走马板、余塞板、余塞腰枋均用不同层次的蓝色块点缀，给厚重的大门增添了一份轻松的氛围。大门两侧有一对青石制作的抱鼓石，黑色石鼓凝重、深沉，饱满的莲花鼓托柔韧有力地支撑着石鼓，再加上鼓心的"麒麟送子"、"马上封侯"、底座呼之欲出的双狮，惟妙惟肖，硬是打破了石鼓的沉闷之气，愈显得生动活泼起来。大门内，有一方石毯，中有石钱，四角镶嵌石蝠，寓意百福并臻、延年益寿，可谓匠心独运。大门外，与之相连的极为精致平整的墙面上均镶有石鼻钮的拴马石环，可以想见当年的人来熙往、骡马欢腾。综观整座大门，严肃中有轻松的氛围、沉稳中包含灵动气息，正如牟氏家族的经历，既融合胶东地区的历史悠久、人杰地灵，又具有湖北人的精明、灵活，勇于吃苦，南北文化兼容并蓄，从而形成了丰富多彩、精妙绝伦的胶东民俗文化特色。由此，牟氏庄园也以其恢弘的规模，深沉的内涵，被诸多专家学者称之为"百年庄园之活化石""传统建筑之瑰宝""六百年旺气之所在"（图4-24～图4-26）。

图4-24
牟氏庄园大门

图 4-25
麒麟送子

图 4-26
马上封侯

（2）莱州海庙于家金柱大门

  栖霞牟氏庄园的金柱大门大气、庄重，莱州海庙于家民居的金柱大门则平和、疏朗，自带温度，让人欢喜。此大门隐卧在一座海草屋顶的倒座中，砖瓦结构，木制梁架，于凛凛中自带风骨。天空之下，砖制的正脊两端有些许的起挑，正脊中心砖面浅雕花盆、卷草、莲花图案，连同镂空的花瓦铜钱装饰其上，有着灵异的妙青，似乎染了人间烟火，安静地待在那儿。屋顶素朴的合瓦、图案各异的滴水、绿身红头的椽子，有节奏地垂卧在一起，秀媚舒展。滴水之下，黑色的大门用红色的对联、边框装点，喜庆吉祥。铁皮制作的如意形门叶，安稳秀丽，不争锋芒。门上方走马板镶嵌用老绿的龟背纹椋条装饰的漏窗，既增添了大门的风采，又给门内过间上层储存的物品有了呼吸的空间，实用且灵动。门廊内侧的廊心墙稳健挺拔，木制如意抱头梁柔韧地承托在檩与砖墙之间，稳妥熨帖。精心打磨的"方砖心"于正斜交错间竟有了立体的味道，与简单直率的"线坊子、虎头找"有了相亲相爱的美好。下碱角柱石表面的"打道"手法可谓精到，排列均匀的菱形间，工匠戏称的"耍道"可谓炉火纯青。整座大门与海草屋顶、石铺地面相接相连，天然端丽，其隐藏的光芒与力量在天地之间熠熠生辉（图 4-27 ～图 4-30）。

图 4-27
于家金柱大门

图 4-28
龟背纹走马板

图 4-29
大门局部

图 4-30
角柱石打道细活

（3）莱州金城凤毛村街门

　　大门是民居的门面，富裕人家自然雕梁画栋、华丽精美，普通百姓也极力装点，使其新颖独特。位于莱州凤毛村民居的街门，其装饰和木雕气势夺人，清奇凛凛。静心揣摩，从它那残存的片羽吉光中仿佛可以嗅到往昔的富足与主人的心思。大门属硬山结构，屋顶用灰色合瓦铺设，正脊两端稍稍翘起，中心雕刻着飘逸的番草、晶莹饱满的串串葡萄，正脊两端巧妙地静卧两条草龙。屋顶垂脊自具地方特色，于自然垂落中巧妙一歪，就有了"歪脖哨"生动的称呼。"歪脖哨"上装饰圆雕双桃、双柿，与正脊的葡萄、草龙一起组成"子孙满堂""富足长寿""事事如意"的美好寓意。久经风雨的黑色木质大门还留存着历史的记忆，"毫不利己""专门利人"深入人心。中心的门环雕刻别具新意，有双福、葫芦、元宝，其主人追求理想生活的美好心愿表露无遗。"忠厚传家"四字门簪显示出良好的家风与传承。整个走马板、门扇外的木头构件均绘制苏式包袱彩绘，从模糊斑驳的画面中依稀可以看到"八仙过海"的痕迹。门廊两侧的抱头梁设计堪称一绝，似两条卧龙欲呼啸而出，直奔天际。《周易》："观乎天文，以察时变；观乎人文，以化成天下。"胶东老百姓向来重视文化的传承，一座大门，他们用砖石土木配合而成，在秩序井然中默默传达着现实的美好及未来希望，这其中凝聚着的民族性格、精神以及真善美会在世世代代的锤炼和传承中永葆光芒。一辈子很短，让我们像大门主人一样，深情又诗情画意地活着，多好（图4-31～图4-45）。

图4-31
凤毛村民居街门

图 4-32
大门侧面

图 4-33
门簪、抱头梁

图 4-34
凤毛村街门

图 4-35
街门正面

4

古雅
门户

图 4-36
左首云龙抱头梁

图 4-37
右首云龙抱头梁

图 4-38
左狮

图 4-39
右狮

图 4-40
云龙梁头

图 4-41
云龙梁头局部

图 4-42
和和美美

图 4-43
百年好合

图 4-44
忠厚门簪

图 4-45
传家门簪

（4）各式随墙门

随墙门，总有一种随性的率真美。

牟氏庄园这个处于别院的随墙门，小巧精致，规矩、飘逸，整体尺度适宜，追求"不高、不大、不突出"的韵味。大门似乎由墙体生长而出，让人感到妥帖舒服，屋顶像安放在墙体上的帽子，精致、俊朗。小青瓦铺设的屋顶保护着实木构筑的梁檩构件，宽厚、安稳。木制博缝板上吊挂如意"悬鱼"，小小的"惹草"构件挡住了风雨对木檩头的侵袭，整体有一种"从来佳茗似佳人"的滋味（图4-46）。

图4-46
牟氏庄园随墙门

乡村老百姓盖门，有的精雕细琢，风姿挺拔；有的虽粗砖碎瓦，也另有风致。这座随墙门坐落于片石筑砌的围墙中，大门用青砖垒墙、大瓦铺顶，看似简单、粗糙、不讲究，但仔细一看也有几分姿色。屋顶用小青瓦选出的正脊、垂脊荡漾着律动的色彩，与片石砌筑的墙体有几分相似，于简陋中渗透着勃勃生机，有一种风轻云淡的粗犷美。还有海草顶的随墙门，像一位和光同尘的老者，收敛了锋芒，与光阴为友，似乎看淡了外面的喧嚣，回归最纯真的本我，在尘埃中自发光亮，任"斜阳四处挂着，风吹动"，这样的旷达，也是好的（图4-47～图4-52）。

图 4-47
大瓦随墙门

图 4-48
海草顶随墙门

图 4-49
莱阳西鲍村民居随墙门

图 4-50
灵山卫民居随墙门

图 4-51
崂山青山村随墙门

图 4-52
莱阳后石庙随墙门

（5）许家家祠门

祠堂，作为儒家传统文化的产物和历史建筑，既是族人供奉和祭祀祖先的场所，也是族长行使族权的地方，更是家族婚、丧、寿、喜的活动场所。在胶东，民风淳朴，文化底蕴深厚，传统的家祠几乎在每个村中都可以找到。位于荣成市俚岛镇大庄许家村祠堂是其中一个典型代表。大庄许家村建于明朝崇祯年间，由一支许姓后人从安徽迁徙而来。祠堂则建于民国时期，整体特色属于民国折中主义风格，既有荣成海草民居的浑厚质朴，又有节奏分明的西式元素，兼容中外，独具风骚，足见胶东人历来视野开阔，善于吸收、消化外来文化为己所用。家祠大门顶部采用青砖粉墙仿欧式教堂元素有韵律地层层抬高，两边青砖叠涩砌筑的垛墙连同拱形大门，透露出一股淳朴、浪漫的气息，见证着许家人"奉先思考，明德惟馨"的优良家风（图4-53）。

图4-53
家祠门，刘栋年绘

4.3 门上装饰

    门是整个民居的脸面，是屋主人身份的象征。古人云："人靠衣装，马靠鞍装。"中国人受儒家思想的影响，很讲究"面子"，人们常说的"门第""门当户对"就是延伸"门"一词的内涵，隐喻主人的家世背景。显贵之家称为"高门"，卑庶之家称为"寒门"，这就决定了屋主人在门的建造上会投入很大的精力。但受中庸之道影响以及出于对安全的考虑，为避免自家的住宅过于突出，"树大招风""木秀于林，风必摧之"，胶东老百姓修建大门一般不刻意追求外表的华美雄壮，而多在宅门装饰语言上做文章，门钹、门簪、门枕石、门联足以证明一切。

4.3.1 门钹

    门钹是整个门面上装饰与实用相结合的构件。门钹的功能是方便人拉门、敲门、锁门。司马相如在《长门赋》有所记载："挤玉记以撼金铺兮，声嗷吰而似钟音。"同时，门钹也是一种装饰。由于它处于与人眼同高的位置，是最显眼的地方，因而具有画龙点睛的作用。人们出于种种复杂的心态，希望在其上面表现出富贵吉祥、家族兴旺，表达出渔、樵、耕、读的生活理想。慢慢地，门钹被各种吉祥图案装饰，并富有一定的思想内涵，这一实用物品也成了极具艺术表现力的民俗吉祥文化的载体（图4-54、图4-55）。

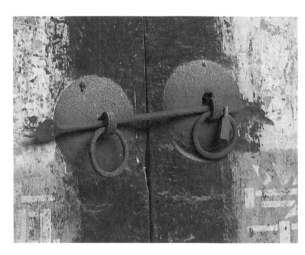

图 4-54
圆形门钹

图 4-55
和合如意门钹

金属制成的门钹的设计一般较为简单，平面多为圆形、六角形，中部突起如倒扣碗状圆钮，圆钮上系着圆环或金属片门环，门环多见铁和铜两种。圆钮周围雕有镂空吉祥纹样，舒展、优雅，表达主人的美好祈盼，如"康寿如意""富贵如意""福寿安康"等。门钹中最有特色的当属铺首。铺首的由来据《百家书》云："公输般之水上，见蠡，谓之曰：'开汝匣（头），见汝形。'蠡适出头，般以足画图之，蠡引闭其户。终不可得开，般遂施之门户，欲使闭藏当如此周密也。"于是蠡的形象便用到了门上，作为大门坚实保险的象征。可以说螺蛳壳是铺首之雏形。后来，人们认为这种螺蛳的样子过于纤小，缺乏一种威慑力量，改用龙子面孔代替了蠡，较螺蛳更神威，更受人欢迎，这就是所谓的"椒图"。再经过历代发展，人们又引用各种吉祥物图案来作"铺首"（图4-56～图4-59）。

图4-56
螺蛳门钹

图4-57
事事顺心门钹

图4-58
四和如意门钹

图4-59
吉祥如意门钹

胶东地区门钹素材多取材于生活，工匠不拘手法地追求意象的表达，以想象为前提，运用装饰处理将自然的物象及对生活的观察、愿望、理想加以主观化，依照美学法则对各种物象采用丰富的想象力、创造力进行高度的提炼、夸张、修饰。胶东地区沿岸的远古先民以渔猎经济为主，以水为生，必然对鱼类动物产生敬畏，进而转化为图腾崇拜。胶东沿海的先民曾有鱼图腾的崇拜，后经过各部落、各民族间的融合渗透，便与华夏族一样以龙为图腾，但沿海地区民居的装饰中，仍保留着"鱼""鳌鱼"这种原始图腾崇拜的痕迹，它们具有深远的文化渊源。如采用鱼饰门环喻消灾避祸之意，并将之作为喜庆、丰稔、腾达、升迁、避祸消灾的"吉祥物"。鱼与莲花组成的图案，寓意"连年有余"。鱼饰门环洋溢着胶东人们的智慧和聪明才智，具有强烈而明快的民俗民情美。另外，莲花、如意永远是老百姓的心头好。如意来源于灵芝草。汉代《说文》讲"芝，神草也"，明代《本草纲目》曰"有青、紫、赤、黄、白、黑六色"，注曰："芝为瑞草，服之神仙"。因此，莲花、如意是吉祥、延寿、祝寿的神物。看这黑色铁质门钹，稳稳地偎依在砖红色的大门上，莲花如意外形、如意门环、桃形栓条，还有系在门环上的红色彩带，紧紧地夹裹在一起，不急不躁，看云卷云舒，说地久天长。正如木心先生所言"从前的日色变得慢，车、马、邮件都慢，一生只够爱一人。从前的锁也好看，钥匙精美有样子，你锁了，人家就懂了"（图 4-60、图 4-61）。

图 4-60
平安如意（鱼）门钹

图 4-61
金玉满堂门钹

乡下人过日子，讲的是好事成双，子孙满堂，珠联璧合，因此联珠、如意是门钹中常见装饰。"联珠"如粒粒珍珠连成串，在门钹上突起，美玉成双，其集高贵、祥瑞与优秀于一体。汉书说："日月如鹤壁，五星如联珠。"借此隐喻人才和美好的事物聚在一起，也有对美好婚姻的祝福。葫芦在农村的街头巷尾非常常见，它藤蔓绵延，结实累累，葫内多籽。葫芦装饰的门钹是祈求麒麟送子的吉祥物。金城凤毛村门上的一对门钹就设计得别具新意。门钹外形以如意寿桃为主，上面用联珠围成心形，每颗心里面装满葫芦、福、元宝，葫芦可保多子多孙，也可尽收天地间的邪气，求吉护身、避邪祛祟，"福者，百顺之名也"（《礼记》），顺风顺水，自然"元宝"也会伴随终生。小小门钹，哲学内涵深厚，透露出老百姓面对世界的态度，丰满、真实，自带光泽。

可以想见，当久离故土的主人，叩响大门，拨开门钹，刹那间，惊起尘埃，归去来兮，表面上不动声色，内心早已波涛汹涌。

4.3.2　门簪

门簪，俗称门龙，因其外形像古代妇女头上的发髻而得名。众所周知，门框是由左右两根框柱和上面的一根横枋组成的，被固定在房屋的柱子之间或者墙洞之间以安置门扇。门扇安在门框上并且能够自由开闭，靠的是门扇边沿上下突出的门轴。上下门轴得到固定而且能够转动，门即可开关。固定门轴的横木，装在门扇上额的背后称为"连楹"。在连楹的两端各钻出一个圆形的孔，这个圆孔的直径刚好大于门的上轴的直径，用来放置和承受门的上轴，便于门的随意转动。为了把横摆的连楹固定到竖向的门框上额背后，就需要有大的卯孔将门框上额打穿，用木榫打入连楹内。木榫暴露在门框之外的部分自然有碍观瞻。于是人们便把露在门框上额的木栓头加工美化成各种式样，形成了我们平时所见的门簪（图4-62～图4-65）。

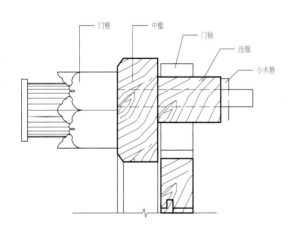

图 4-62
门簪侧剖，孙震绘制

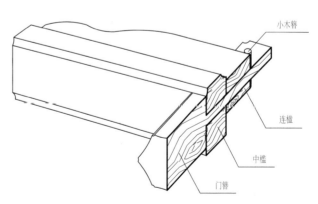

图 4-63
门簪透视，孙震绘制

图 4-64
门簪

图 4-65
寿字门簪

　　胶东的民间工匠在门簪设计上，想象力独特，充分满足主人的审美情趣和审美要求，将其制作成方形、多角形、圆形、花瓣形，形式多样，形形有意，意必吉祥。门簪用料考究，多选用松木，雕刻工艺娴熟多彩，透雕、圆雕、深雕、浅雕，层次分明，线条流畅，图案简洁清晰，装饰作用极强。门簪中的牡丹，彩带飞舞，花姿典雅、花苞争艳，那"云想衣裳花想容，春风拂槛露华浓"的千古绝唱自然萦绕在梁檩间，荡漾着中国文化的一脉纯真和深情，滋润温暖，绵长柔软。镂空雕刻更是技法老到，在婉约转折中修饰花苞、花蕾、彩带，并伴有彩漆绘制，锦上添花，精巧玲珑，百看不厌。那莲花的雕刻分外妖娆，"灼灼其华""宜其室家"。莲，因其独特的气质，为世人所喜欢。清代周敦颐的《爱莲说》可以佐证："予独爱莲之出淤泥而不染，濯清涟而不妖，中通外直，不蔓不枝，香远益清，亭亭净植，可远观而不可亵玩焉……莲，花之君子者也。"栩栩如生的莲花门簪，昭示后人洁身自好，培养崇高的品德。除了雕琢吉祥花卉，文字的雕饰也比较常见，多书"迎祥接福""吉庆纳福""福禄祥祯""福禄寿喜"等，倍增富贵、如意气息。同时为彰显主人的情怀，有的文字门簪则像一枚枚古朴的印章，端雅、安静地矗立在连楹上，向世人昭示书香门第的身份；有的则具有特殊时代的烙印，"破私立公""忠忠忠忠"等字样，显示出别样的年代记忆（图 4-66 ～图 4-81）。

图 4-66
莲花门簪

图 4-67
牡丹门簪

图 4-68
菊花门簪

图 4-69
如意门簪

图 4-70
红牡丹门簪（1）

图 4-71
红牡丹门簪（2）

图 4-72
莲福门簪

图 4-73
福字门簪

图 4-74
忠字门簪

图 4-75
福字门簪

图 4-76
双福门簪

图 4-77
暗八仙门簪

图 4-78
卍字门簪

图 4-79
接福门簪

图 4-80
莲云门簪

图 4-81
荷苞门簪

"林花经雨香犹在"，那些流落在乡间的门簪，有的历经百年，虽饱含沧桑，色彩依旧可见，味道仍然存在，堪称经典。门簪虽小，寓意无穷。小小的门簪，使原本简洁、质朴的大门蕴含了无穷的生机、活力，显现"人间有味是清欢"的疏朗之意。

4.3.3　门墩、门枕石

门墩与门枕石是位于宅门两侧的石构件，是胶东民居中常见的建筑小品。门墩在外，门枕石居内，各司其职，共同保护大门的稳定。通常，它们用一整块石头雕琢而成，内外形状不同。内为方形，称为门枕石，中间有窝眼，民间称为"福海"，承接门扇的转轴开合。外面部分有方形、圆形，称为门墩或抱鼓石。在胶东乡村，有着"小小子坐门墩，哭着闹着要媳妇"的热闹乡间家常。门墩通常是成双成对出现，既加强了大门的保护性，又增强了气势。中国人祖祖辈辈注重"光大门楣"的礼学教育，自然对这些构建的形态、雕刻、装饰都非常讲究。门墩通常是雕刻的重点，被寄寓人们祈祷和迎接幸福、吉祥、平安如意的美好愿望。胶东老百姓的门墩造型相对简约，呈方形，上面多雕刻"寿""蝙蝠""如意纹""莲花"图案，象征着美好、平安、长寿。不过，也有造型独特的样式，莱阳后石庙村民居门口的花岗岩门墩，造型简约、内涵丰富。门墩是"长方体"造型，大气浑厚，顶面刻"寿"字，寓意吉祥。并且，其高度、造型使其具备室外倚靠家具的功能，可谓一举两得，既可护门镇宅，又方便老人孩子过门槛时扶其通过，美观实用（图4-82～图4-88）。

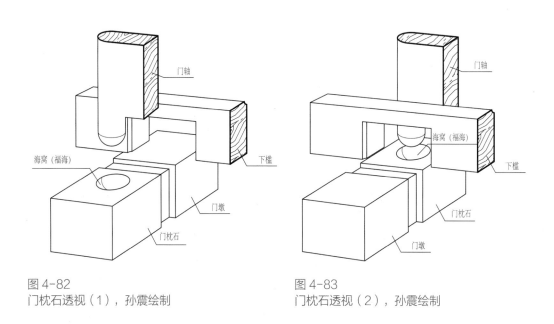

图 4-82
门枕石透视（1），孙震绘制

图 4-83
门枕石透视（2），孙震绘制

图 4-84
门枕石侧剖，孙震绘制

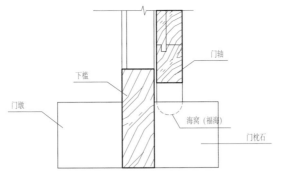

图 4-85
栖霞李氏庄园门枕石

图 4-86
方型门枕石

图 4-87
后石庙村"寿"字
门枕（1）

图 4-88
后石庙村"寿"字
门枕（2）

抱鼓石也是门墩的一种表达形式。《说文》曰："鼓，击鼓也。"中国古代击鼓升堂、击鼓定更等是官府的行为，民居安放抱鼓石便成了权力地位的象征。抱鼓石一般由大鼓、小鼓、须弥座组成，上圆下方，构成"天圆地方"的造型。

在胶东地区，抱鼓石在一般老百姓家中实属少见，但胶东地区也不乏殷实大户。胶东莱州的刘子山先生曾富甲一方，故居大门入口的抱鼓石饱满、阔朗，足以证明。两尊抱鼓石各用整块汉白玉精制而成，高近1m，大鼓、小鼓、须弥座一气呵成，气度夺人。上面的石鼓由一排排极具韵律感的水云纹支撑，鼓心正面一尊雕刻"松鹤长青"、一尊雕刻"麒麟望日"，反面为高浮雕莲花；小鼓前面的雕刻，那叫一个绝，两条机敏的小草龙在云间嬉戏，生动活泼，给沉着挺拔的抱鼓石增添无尽灵动之气。下面须弥座为简约的方形，但束腰以下，下枭、下枋则用一只只蝙蝠和云纹装饰，飞舞在云间的蝙蝠恰到好处地减轻了石材的厚重感。方形底座用梅兰竹菊装点其间。整个抱鼓石充满了力度和律动的美感。另外，栖霞牟氏庄园的一对青石抱鼓石也以飒飒英姿著称于世。据牟氏族谱介绍，这对石鼓是主人于光绪34年间聘请四位工艺精湛的工匠历时三载雕琢而成。抱鼓石高1m多，两尊石鼓各由一面舒展、有力的荷叶托起，上面分别雕刻"麒麟送子""马上封侯"高浮雕造型。底座正面雕刻"耄（猫）耋（蝶）富贵""一路（鹭）连（莲）科（棵）"的生动造型，底座侧面用近乎圆雕的手法，各雕一只调皮的小狮，它们摇头摆尾，呼之欲出。两尊抱鼓石，虽经近百年的风吹雨蚀，依然惟妙惟肖，栩栩如生（图4-89、图4-90）。

图4-89
马上封侯

图4-90
麒麟送子

4.3.4 门联

门联即对联，是中国民间一种历史悠久的文化传承，从最早的避邪祛灾到后来的祈福纳吉，直接表达老百姓对于生活的期望。

门联是由桃符演化而来的。所谓桃符就是桃木板，早先在桃木上画门神或刻上门神的名字以求平安，门联就是由桃木上的字演变而来的。王安石的"千门万户曈曈日，总把新桃换旧符"可以佐证。元代杂剧《后庭花》中也有关于包公利用桃符门联破案一事，通过"长命富贵"寻到"宜入新年"背后的凶手，由此可见，门联由桃符演变而来，最终独立登上大雅之门。如今，由于门联多在春节张贴，所以也叫春联，为春节增添一分喜庆的气氛。

门联内容虽然名目繁多，但不外乎礼仪道德、家声世泽、修身养性、古训持家、抒怀明志、国昌民盛。但不管内容如何丰富多彩，都抒发了老百姓对家风国貌的重视。因此，门联是传递、传承优秀传统文化最好的表达方式。

胶东门联，简简单单，数字寥语，细细读来，既品味了中国传统文化的内涵，又得到了书法艺术上的享受。门联一般为四字、五字、七字对句，但也有少数门联采用三字、八字对句。其内容十分丰富。三字门联如"仁由义，德载福"；四字门联有"总集福荫、备致嘉祥""温恭有礼，春秋满怀""厚德载物、和气致祥"。更多的门联，寄托了主人的期盼，如祝福国泰民安的"江山依旧龙盘踞，世纪更新国富强"；希冀诗书礼仪、优良家风传家的"忠厚传家久，诗书继世长""莱山泽世长，漳浦家声远"；寄托美好祝福的"吉祥平安地，欢乐幸福家""福音万户天地动，春汛千家乾坤移"；希望财源滚滚的"鸿运来宝地，财源进家门""生意兴隆通四海，财源广进达三江"；虽居乡野，但品位不凡的"青山不墨千秋画，绿水无弦万古琴"，志趣高洁的"芝兰君子性，松柏古人心"。一方门联，在"咫尺天地"表达出胶东人民的思想情操和对美好生活的志趣，隐含着胶东人民期望国泰民安的朴素愿望，乡愁风骨，率真自然，有容乃大。

胶东民居大门一般为黑色，黑色朴素、典雅，且具有避邪的寓意。据说黑色是黑脸大汉门神尉迟敬德的象征。因此，黑门有"黑汉在此"的寓意，吉利安详。春节时，黑色的大门贴上红色的对联，喜庆典雅，乡土气息浓郁。在莱州金城镇，还有一部分历史遗留的大门对联，它们在黑色大门上，用黄字黄收边书写"学习解放军，要拥军爱民""毫不利己，专门利人"，横批"毛主席万岁""祝毛主席万寿无疆"，门簪上书写"破、私、立、公"或"忠、忠、忠、忠"，可以想见当时人们的狂热之心。斑驳的老门记录着光阴里的日升月落、风起云涌，那气息穿越时空，有种"绚烂之极，归于平淡"的味道，非常妙，恰恰好（图4-91～图4-93）。

图 4-91
黑门红对联

图 4-92
"学习解放军，要拥军爱民"门联

图 4-93
"毫不利己，专门利人"门联

本章摄影：刘栋年、刘国哲、李泉涛、王文卿

5

心灵窗牖

窗，古时亦称"牖"，是中国建筑的重要构件。关于它的起源、发展，可谓源远流长。陈从周先生《漏窗》序中云："窗的起源和演变，现在尚无足够的资料可以整理介绍于世，据长沙出土的汉明器瓦屋，已在围墙上开狭而高的小窗一列。"《后汉书》记载"柱壁雕镂，加以铜漆。窗牖皆有绮疏青琐"，另外，从汉代画像砖上可见直棂、琐文和斜格窗棂的形式；这至少可以说明，在汉代已有可考的窗出现，并且有了比较丰富的装饰手段。唐代，中国建筑气势恢宏，窗有板棂窗、槛窗、横披窗三类常见样式；到了宋哲宗元符三年（1100年），朝廷颁布《营造法式》，其中"小木作制度"提到破子棂窗、睒电窗、板棂窗等多种形式，艺术和审美价值极高；明清则是巅峰时期，样式多样，制作精美。今天我们能够见到的传统门窗样式，大多是明清两代的遗构。

5.1 窗，妙不可言

窗，是建筑立面的主要组成部分，在建筑中有举足轻重的地位。《园冶》中如此表述："轩楹高爽，窗户虚邻，纳干顷之汪洋，收四时之烂漫。"著名建筑大师贝聿铭说："在西方，窗户就是窗户，它放进光线和新鲜的空气；但对中国人来说，它是一个画框，花园永远在它外头。"是的，中国建筑窗的人文气息浓厚，千姿百态，别有情调，有容乃大。它包含了中国人无尽的想象力和深厚的文化内涵，它是联系建筑内外空间的通道，它可以将室外风光尽收眼底。有了窗，就有了风景；有了窗，就有了诗情画意；有了窗，就有了远方。在胶东地区，春日，窗外"小院闲窗春已深""杨柳秋千院中"，屋内"帘户寂无人，春风自吹入"；夏日，窗户是最大的气口，迎来送往，保证室内温度适宜，夜晚，暑气减退，一家人"散发乘夕凉，开轩卧闲敞。荷风送香气，竹露滴清响"；秋日，院子里"垂垂山果挂青黄"，亲朋好友一起"开轩面场圃，把酒话桑麻"；冬日，室外"窗含西岭千秋雪"，室内阳光灿烂，女主人在炕头做针线、做美食，全家其乐融融，"共剪西窗烛"。今日，当我们徜徉在胶东地区，透过那些"海棠窗""直棂窗""卐字窗"，顿时沉浸在花窗节奏变换之中。正如明代的李渔所言，"同一物也，同一事也，此窗未设以前，仅作事物观，一有此窗，则不烦指点，人人俱作画图观矣""时时变幻，不为一定之形。移一步，变一象，转一眼，换一景，目不暇接"。每一个花窗都是一卷画一首诗，移步换景，光影迷离，思绪万千，"来日绮窗前，寒梅著花未？""今夜偏知春气暖，虫声新透绿窗纱"。如此一想，近乡情怯了……

（图5-1～图5-4）

图5-1
今夜偏知春气暖，虫声新透绿窗纱

图 5-2
小院闲窗春已深

图 5-3
清风送香气

图 5-4
垂垂山果挂青黄

5.2 窗，形制繁多

日本的中国建筑研究专家伊东忠太在其《中国建筑史》中写道："余曾搜集中国窗之格棂种类观之，仅一小地方，旅行一二月，已得三百以上之种类。若调查全中国，其数当达数千矣。"中国建筑历史学科的奠基人之一梁思成先生于1934年编著《清式营造则例》，在这本著作里，他用现代工程制图的方式记录了传统建筑结构、装修等工程做法，其中在小木作中介绍了多种形制的窗户。作为建筑的有机组成部分，窗不但美化了民居，同时也很好地满足了建筑的功能需求，具有良好的通风、采光作用。窗虽无斑斓丰富的色彩，却不失气派，与建筑其它部分的交相辉映，形成强烈动人的空间氛围，并且在户牖之间，充分体现出民间艺匠丰富的想象力和超凡的艺术创造力。今日，在胶东地区仍可以看到传统的槛窗、直棂窗、支摘窗、推窗、横披窗等，这些形制的窗户制作层次分明、立体感强，可谓"鬼斧神工"。

5.2.1 槛窗

槛窗，简约大气，有着胶东人的质朴、率真之美。

槛窗安装在两根立柱之间的槛墙上，一般是几扇并列安装。一扇槛窗四周用木框组成框架，框架左右立框称为边挺，上下边框称为抹头。乍听"抹头"，有点油头粉面的味道，其实恰恰相反，它是窗户的横向支撑，是中坚力量，它和"边挺"一起维护了窗户的挺拔、俊朗形象。抹头分四抹头、三抹头、二抹头，抹头的多少由窗扇尺度、体量决定。胶东的槛窗一般设在砖槛墙上，安装时，一般先在墙上安装约10cm宽与墙的厚度齐平的踏板，踏板上设置风槛。槛窗依靠转轴转动，木轴一般与边挺结合在一起，兄弟般共进同出。槛窗一般为四扇，为不打扰窗外的风景，窗扇多向内开启。在实际应用中，匠人们并不拘泥于一种形式，槛窗的设计异彩纷呈、各有千秋。胶东刘子山故居的槛窗就别具特色，槛窗分为上下两部分，下面由四扇可以自由开启的窗户组成，上面是海棠与万字格心相结合的固定横披窗。槛窗设计上繁下简，现代与传统相结合，美观与实用相结合，在窗明几净间荡漾着诗与远方的情调（图5-5）。

图 5-5
刘子山故居的槛窗

5.2.2 直棂窗

直棂窗率直、简单，像极了胶东的大妞，有一说一，有二说二。

直棂窗是宋代以前常用的一种窗子。它有破子棂窗和板窗两种形式。破子棂窗听似简陋，其实是一种非常科学、实用的棂条，宋《营造法式》对此有详细的记载。破子棂窗主要在于棂条，它的棂条为三角形断面，制作过程就是将一根方棂，沿对角线一破为二，这样形成两根棂条，有点"一别两宽，各自欢喜"的味道。三角形棂条最大的优点在于能够吸纳更多的阳光进入室内。你想啊，从剖面看，三角形棂条斜面朝外，平面朝内。朝外的斜面会尽量少地遮挡阳光，让室内充满阳光、熠熠生辉。朝内的平面正好适合裱糊窗纸，方便女主人在舒展的窗面上贴窗花，寄希望，将生活装点得红红火火。随着工艺的变化，到了明清时期，工匠们渐渐将破子棂窗请出历史舞台，而用剖面为矩形的棂条代替，于是板棂窗开始登场。单一竖向的棂条形式韧性不足，为增强其承受力，工匠们在竖向棂条的基础上增加横向棂条进行支撑，形成稳定、疏朗、坚韧的板棂窗。

胶东民居的直棂窗样式多为"一马三箭"，即整体竖向棂条均匀排列，在竖向直棂的上中下横向各加装三根横条；窗棂的数量一般在 12 ～ 19 个之间，窗子接近方形，比例为14:13。调研中发现，一般窗户或高1400cm、宽1300cm，或高1700cm、宽1500cm，或高1300cm宽1200cm，基本符合传统的比例关系。还有一种直棂窗的形式是"三马一箭"，即在一排竖棂条的中心部位横置三根横条，这样的直棂窗显得更是简约、大方，透气性强。在胶东，老百姓制作直棂窗时，材料一般选用樗木、柚木或榆木，老百姓讲究"头顶樗，脚踩榆，日子越过越富裕"（图5-6、图5-7）。

图5-6
一马三箭与三马一箭直棂窗

图5-7
牟氏庄园直棂窗

5.2.3　支摘窗

支摘窗，简单、方便，平易近人。

20世纪80年代前，支摘窗是胶东民居最常见的窗户形式。它是一种双层窗，安装在房屋次间的槛墙上，在槛墙居中安装间框，间框上端交于上槛，下端交于踏板。在抱框与间框之间安装支摘窗，支摘窗分为上下两端，上为支窗，下为摘窗。风和日丽时，支起上边的支窗，摘下下边的摘窗，"春山暖日和风"自然涌入；夜里放下支窗，装上摘窗，防盗又保暖，"红窗睡重不闻莺"，好不自在。夏季，为更好地透风撒气，上边支窗内糊一层窗纱，手巧的主妇或许还可以加一层纸做的卷窗，室内凉风习习，素雅清爽。在胶东地区，支摘窗的窗棂花样很多，早期有步步锦、灯笼锦、盘长纹、冰裂纹等；后来，窗棂大大简化，只周边有窗棂，中间用大的方框，上面镶玻璃。经改进的支摘窗方便实用，简单大方，深受胶东老一辈人的喜爱（图5-8～图5-11）。

5.2.4　推窗

推窗，像敢为人先的勇士，遮风挡雨，牺牲自己，成全别人。

胶东民居的窗户以直棂窗、支摘窗为主。由于直棂窗是固定的，不能开启；支摘窗是向上掀起的近似方形横窗。于是，在这些窗户基础上加以变化，产生了推窗。推窗是窗棂的外护，又称为风窗。这是一种两层的窗子，白天将外面的一层木板向外推开支上，晚上再放下来，目的是保护窗棂、遮挡风雨和防盗。到了冬季，室外北风凛冽，放下推窗还可起到保温防寒的作用。直到今日，在胶东的乡村，还可以找到推窗的影子，只是随着时代的发展，推窗更加简单化，由内外两层变成单层，窗户由纸裱糊改为玻璃镶嵌，由此，室内更加阳光明媚，花气袭人，有着不可预料的小欢喜（图5-12）。

图 5-8
室内支摘窗（1）

图 5-9
支摘窗室外（1）

图 5-10
支摘窗室外（2）

图 5-11
室内支摘窗（2）

113

图 5-12
推窗

5.2.5 横披窗

横披窗，闲雅、安静，从容不迫。

胶东民居，有的乡绅大户盖房子非常讲究，正屋的立面高达 4m 多，如果单纯安装槛窗，槛窗会显得"又瘦又高"，与墙体尺度格格不入，形象受损。那么，为缓和槛窗的尴尬，干脆，在槛窗上部——中槛与上槛之间安装一扇横向的窗，取名"横披窗"。横披窗作为配角，固定安装，不能开启，主要功能是采光与装饰。因此，通常横披窗的棂条设计得比较优美，雅致精到，隐隐生辉，它对于槛窗来说，有点"红袖添香"的滋味，不露锋芒，娴雅得体，蕴藏着恬淡自适的陶然（图 5-13～图 5-15）。

图 5-13
套方横披窗

图 5-14
卡子花饰横披窗

图 5-15
灯笼锦横披窗

5.3 窗，千姿百态

一扇窗的千娇百媚，在于"窗棂"。

窗棂，宋时称格眼，又有花心、棂心、格心等称呼，《营造法原》暖心地称其为"心仔"。窗棂是窗户的"眼睛"，是最主要部分，它起着通风、采光、装饰的作用。通常，传统工匠为体现屋主人文化修养及社会地位，呕心沥血、费尽心思、历经几载时光，灵活运用各种棂条，观其形、品其神，打造出各式各样极具内涵的窗棂，让窗户"精、气、神"十足，形成室内的点睛之笔。这些花样繁的多步步锦、灯笼锦、龟背锦、盘长纹、万字锦与阳光、气味、声音、布局，揉捏于同一时空，散发出沉静和温暖的力量，让一切回归生活的本质。

"步步锦"有点步步紧逼、步步为营的感觉，它由长短不同的横、竖棂条按规律、有节奏地组合排列出各种不同形式。为保证棂条间稳定、美观，棂条之间有玲珑的小构件连接支撑，它们一般形成工字、卧蚕或短棂条的样式。步步锦因造型优美，韵律感强，且具有"步步高升，前程似锦"的寓意，深受人们赏识、喜爱（图5-16、图5-17）。

图 5-16
牟氏庄园步步锦

图 5-17
双排步步锦窗棂

"灯笼锦"有一种浪漫、团圆的感觉。它像儿时元宵节的灯笼，喜庆、灵秀。灯笼锦是用疏密相间的棂条拼成长筒形灯笼状，四周巧妙地用透雕的花卡子、团花固定。棂条与小构件之间构造合理、装饰性强。同时因灯笼的图形向人们隐喻"前途光明"，深受文人墨客宠赏（图5-18）。

"盘长纹"有一种跨越千山万水方可久别重逢的浪漫。它用封闭的线条回环缠绕而成。盘长是佛家八宝之一，盘长纹盘曲连接，无头无尾，所构成的线条甜腻、缠绵，不疾不徐，娓娓道来，"回环贯彻，一切通明"，在源远流长中荡漾无限生机（图5-19）。

图 5-18
牟氏庄园灯笼锦窗棂

图 5-19
大原村盘长纹窗棂

"龟背锦"像甲骨文一样，充满古意。龟背锦是以八角形为基本图案组成的窗格形式。龟是吉祥和长寿的象征。它是与龙、凤、麟并称为"四灵"。在中国，龟是一种神秘而蕴藏丰富文化内涵的动物。龟背锦也以"延年益寿"的寓意深受老年人拥戴（图5-20、图5-21）。

图 5-20
单层龟背锦窗棂

图 5-21
双层龟背锦窗棂

"万字锦"给人一种生生世世、千秋万代的宿命感，像一场盛大的爱情，圆满、绵长。万字锦是由相同规格的棂条拼接成的四方连续纹样，规范而有序。万字纹即"卍"字形纹饰。"卍"字为古代一种符咒，用作护身符或宗教标志，常被认为是太阳或火的象征。"卍"字在梵文中意为"吉祥之所集"，唐译《华严经》曰，"如来胸臆有大人相，形如卍字"，有吉祥、万福和万寿之意。另据《华严音义》记载，唐代武则天长寿二年（693年）将"卍"采用为汉字，读作"万"。"卍"字灵活多变，用"卍"字四端向外延伸，又可演化成各种锦纹，这种连锁花纹常用来寓意连绵不断和万福万寿不断头之意。"卍"字与寿桃结合，寓意"康乐万寿"，与柿子结合，寓意"康事如意"……对于胶东老百姓来说，有儿便"卍"事足（图5-22、图5-23）。

图 5-22
高家庄子卍字锦窗棂

图 5-23
卍字锦窗棂

　　胶东民居的窗，无论哪种样式，都融实用、装饰、意境美为一体，它丰富了空间层次，打破民居空间的呆滞和闭塞，将室内外空间有机渗透。在"窗含西岭千秋雪，门泊东吴万里船"的动静之间，在"纳时空于自我，收山川于户牖"的变幻之间，引"天地之大美"进入室内，从而将胶东民居演绎得生动唯美。联想一下，清风习习的小园，绿荫满地，瓜果满枝，"把酒话桑麻"，这惬意舒缓的景致怎能让人分得清哪是室内哪是室外……（图5-24～图5-39）。

　　作为建筑的有机组成部分，窗不但美化了民居，同时也很好地满足了建筑的功能需求，具有良好的通风、采光作用。窗虽无斑斓丰富的色彩，却不失气派，与建筑其它构件的交相辉映，形成强烈动人的空间氛围，在户牖之间，充分体现出胶东民艺匠师丰富的想象力和超凡的艺术创造力。

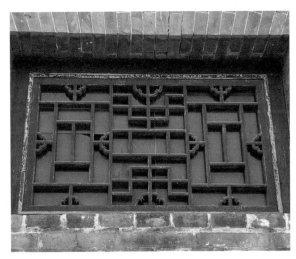

图 5-24
步步锦窗棂

图 5-25
双喜窗棂

图 5-26
梅花套方创新窗棂

图 5-27
灯笼锦窗棂

图 5-28
梅花套方窗棂

图 5-29
卐字盘长窗棂

图 5-30
正方斜搭鱼鳞窗棂

图 5-31
灯笼锦窗棂

图 5-32
寿字窗棂

图 5-33
木窗秋果

图 5-34
寿字窗棂

图 5-35
梅花灯笼窗棂

图 5-36
推窗（1）

图 5-37
支摘窗

图 5-38
推窗（2）

图 5-39
菱形套方花格窗

本章摄影：刘栋年、李泉涛、刘国哲

6

墙上春秋

《说文解字》曰："墙，垣蔽也。"墙在建筑中承担遮挡、掩蔽的功能，作为人类文明的产物，有的历经数百年沧桑，巍然屹立，成为历史的见证。胶东劳动人民在艰辛的劳作中了解土地，感悟蕴藏在四季之中神秘的力量和潜在的生命力，体会到自然固有的旋律和节奏。因而，在砌筑墙体时就地取材，选择天然石材、泥土等作为建筑材料。威海地区盛产"虎皮石（彩色花岗岩）"，渔民建房时多采用大块粗犷的虎皮石砌墙，外观古朴、壮美；莱州地区自古盛产大型花岗岩，有钱人家的房屋多用条石建造，在金城镇有三块条石建山墙的例子，可以想见，檐口以下三块条石，砌筑在 4 米多高的建筑上，其气势自不可挡，浑厚、庄重、沉稳，自带光芒。一般老百姓生活在乡间地头，对泥土有着天生的亲近感，于是夯土墙、土坯墙也随处可见；青岛地区因受德国建筑的影响，近代青岛"大窑沟"生产红砖、灰砖，民居墙体多砖石结合，自具清新、雅致的文人气质。

6.1 围墙

围墙是民居建筑设计中最重要的元素之一，它具有防风、防水、保温、隔热、安全防卫的功能。同时，利用围墙将宅内空间与外界分割开来，形成外虚内实的空间神韵。再者，围墙也是一个家族的外在形象代表。清代文人李渔的《闲情偶记》论及墙壁曰："峻宇雕墙，家徒壁立，昔人贫富，皆于墙壁间辨之。"可见，由围墙可知其贫富。高墙深院，必定是大户人家，矮墙土壁，柴扉疏篱，必定是平常人家。因此"富人润屋，贫士结庐，皆自墙壁始"（图6-1、图6-2）。

图 6-1
后土庙村民居外墙

图 6-2
莱州民居外墙

6.1.1 虎皮墙

在胶东威海、烟台地区的乡间，多见用花岗岩毛石砌筑的墙体，因石材颜色和灰缝纹理接近虎皮而得名虎皮墙。虎皮墙用料一般无需加工，石头的外形不追求整齐方正，而是随圆就方，工匠砌筑时会利用石材天然的形、色、质、纹理的特点进行构思，充分发挥想象力，利用不同石、色层次，形成一种依形就势、天人合一的独特景致。砌筑时，为保证稳定性，石匠一般会选择比较方正的放在拐角处，然后在两端角石之间栓卧线，按线放里、外虎皮石块，中间则选择比较零碎的石块填充，每铺完一层在较大的石缝处塞进适量灰浆并敲实。为增强咬合力，上下石块之间尽量错缝，不形成通缝。同时，工匠依据"有样没样尖朝上"的方式，每一块石材尽量大头朝下，这样不同的石材相互挤压在一起，相互支撑、给力，形成特别坚固、稳定的结构，历经百年不倒。砌筑完成，最后一道工艺是勾缝。工匠们会用月白灰、老浆灰合在一起进行勾缝，勾缝要顺着石材的走向构成凸缝，这样会在色泽微红、灰绿、赭石黄的石材间形成"斑斑虎皮"的效果，使这些原本不起眼的石材，在手巧眼尖的工匠手中重新组合，于无言处绽放出自然朴素、疏朗熨帖的动人诗篇，谱写出方、圆、横、斜、大、小、曲、直的石头交响乐，真可谓"清水出芙蓉，天然去雕饰"。这些不规则的石材以其自身的魅力，在厚实而不动声色中衬托着大地、老屋，使之更加沉稳、坚定、从容（图6-3）。

图6-3
荣成虎皮墙

　　王澍先生在《造房子》中说道："传统是活在人的手上，是活在工匠的手上。"的确如此，原本籍籍无名的虎皮石经过工匠的打造就有了感情，有了生命力。胶东牟氏庄园的虎皮墙就极为精妙，它是一道高2m、长100m的石墙，墙上由多块彩色花岗岩砌筑，造型精美绝伦，色泽斑斓，清雅大方，活灵活现。足见工匠在制作时不拘泥法式，随形就势，在"写实"与"写意"中轻松切换，呈现出生机盎然的气势，充分体现了工匠的高超技艺和广阔的想象空间，使表面张狂的虎皮石有了温文素静的一面。放眼望去，墙面中的造型各异，古淡天然、活色生香，相互之间争让穿插，乱中有序，仔细揣摩，竟显现出年年有"鱼"、一生"瓶"安、"莲"生贵子、"梅"妻鹤子、"柿"事如意……明喻暗比,玄妙四伏,将主人的追求、愿望一一展现,观者又何其不心领神会,自然与主人心生共鸣,在悠长的光阴里,"一笔一画"书写中国情意(图6-4～图6-8)。

图6-4
牟氏庄园虎皮墙

图6-5
年年有"鱼"

图6-6
平安吉祥

图6-7
子孙绵长

图6-8
"莲"生贵子

6.1.2 土坯墙

赖特说："对于创造性的艺术家来说，每一种材料有它自己的信息，有它自己的歌。"的确如此，石材的美让人陶醉，泥土的芬芳也同样叫人沉醉。与虎皮外墙不同的是莱州城东的土坯墙，由于该地区近海少山，泥土黏稠，外墙多用土坯砌筑而成。

土坯墙，阔朗厚道，质朴自然又不失灵动，于不动声色中熠熠生辉。土坯墙的制作分夯土墙和土坯磊墙两种工艺。夯土墙，一个具有动感的名词，像一位精力旺盛的小伙子，虽流落乡间，亦是一片赤子之心；土坯磊墙，则像一位木讷的书生，不言不语，但一行一动从容踏实。

据史料记载，夯土墙的建造是从新石器时代开始。目前在江苏省连云港市发现了龙山文化时期的藤花落古城遗址。遗址有两重城墙，内外墙均为夯土版筑。在乡间，修筑新房一般在农闲时节，版筑夯墙时，泥匠师傅会事先准备好工具：版筑一副，夯杆数根（亦称舂杆棍），圆木横担若干支，大拍板一把，小拍板若干把，绳线一盘，鲁班尺、短木尺、三角尺和水准尺各一把，铁锤、榔头、铁铲、丁字镐数把，以及泥刀、竹刮刀、锄头、木铲、簸箕若干（图6-9）。版筑常用老硬杉木制作，外部略显粗糙，但内里平整。规格一般长1.5～2m，高40～50cm，木板厚7cm。要盖房子了，左邻右舍的乡亲会十分热情地前来帮忙，一般在泥匠师傅的指挥下分组进行，一组将少量的沙子、碎石粒加入事先准备好的黏土中，以此来增强夯土的硬度；另一组人马抓紧用木桩固定筑版，两面筑版之间至少留37cm的宽度，然后大家一起在筑版内填土，填上虚土时用小头夯，待夯得差不多了再用大头夯平。夯成一版后，脱开筑版，就用大拍板重拍两面的墙皮，使墙面表皮硬实，再用小拍板补墙，修光墙面，就这样层层夯筑直到完成。张驭寰在《中国土工建筑》写道："打夯方式各不相同，有二人、三人、四人，也有五人夯……随着劳动的节奏，有一人领唱夯歌，众人应和，场面热烈而有序，极富节奏感。""众人拾柴火焰高"，在欢声笑语中，乡亲们通过一次次一层层夯打，使松软的黏土变得像岩石一般坚硬，成为保护家园的"铜墙铁壁"。

125

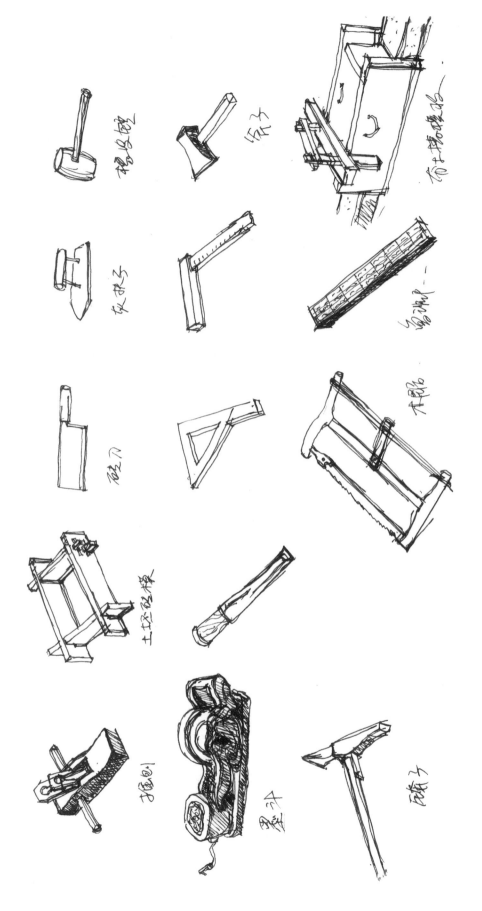

图 6-9
营造工具

夯土院墙厚度一般在 35～50cm 之间。为了增强夯土墙的牢固性，一般会在墙角的转折处增加砖墙垛，或者在墙角垒砌三两层石块，墙脚的石块可使夯土墙同地面隔离，防止地面湿气对墙体的侵蚀。

与夯土墙不同，砌筑土坯墙时使用土坯墼建造。一般盖一处房子，要用几千块土坯墼，盘一铺火炕，也要百八十块。土坯墼制作分干、湿两种工艺。干制作主要在于黏土的选择，不同地区、不同深度的土壤，其质量存在一定差异。湿制作主要是黏土加适量水和稻草，以草拌泥制墼增强坚固性能，使其不易裂缝。

打土坯是力气与技术并行的活儿，通常在春天多风少雨时节进行。胶东的土坯墼多是湿制作，打墼前在选好的黏性黄土料里加水滋润，再添加部分剁碎的麦秸秆，赤脚踩泥将之和均匀使之发黏，然后把和好的泥装入事先准备好用枣木做成的墼模，俗称"墼挂子"（图 6-10）。"墼挂子"内部尺寸为 400mm×200mm×100mm（长 × 宽 × 厚），是可以拆开的活动模具，脱墼由技术经验丰富的工匠把持。制作时，打墼人在石板上支好墼模，撒上草木灰，把和好的黏土装满墼模，用杵头"连打带颠，二十二三"夯实，再用泥板子刮去模口的余土，顺势将"墼挂子"一端打开，再将左右两边打开，将"墼挂子"取出，最后用双手扶其两端小心翼翼地将其立起晾干。每脱出一个土坯，就要把模子的内边框用水或土灰清理一下，便于下面的土坯脱模。如此循环往复，紧密配合，有条不紊。脱出的土坯等距离排列整齐，晒上三四天后，待土坯干了修理一下毛边就成为建房的土坯砖，码垛起来留作使用。土坯是非常环保的材料，旧的土坯墙和火炕拆除后，可化作肥料，滋养农田，催丰庄稼（图 6-11～图 6-16）。

图 6-10
可开合的墼挂子

图 6-11
选择黏性较强的生土放墼挂中

图 6-12
压实

图 6-13
再填土再压实

图 6-14
清理多余生土

图 6-15
开挂

图 6-16
立墼，晾晒

砌筑土坯墙时，工匠先用砖石砌筑基座，然后用土墼在墙的两面立砌，中间空出的部分填充泥土或碎砖石，这样不但增加墙体强度，同时节约材料。正如当代美国建筑师麦尔姆·威尔斯在《温和的建筑》中所倡导的生土建筑，土坯墙既充分节约能源，又能增强建筑本身的能动性（图6-17、图6-18）。

图6-17
海庙于家民居土墼院墙

墙体砌好后的工艺是"涂脂抹粉"，泥匠工人会采用黄泥抹墙的方法为其"梳妆打扮"。先取优质黄泥，打碎，细筛筛选，与纸筋灰（草筋灰）、白水泥、稻谷壳加水或米汤按比例搅拌均匀至灰粉状（纸筋灰30%、碎黄泥35%、白水泥12%、稻谷壳3%、水20%），将灰粉在墙上粉刷大约1cm厚左右，等到六成干的时候用抹泥刀蘸水磨平，再用抹泥板拉毛。最后，待自然干透后喷一遍木蜡油防止掉灰，即大功告成。

那日，笔者在莱州海庙于家调研，路经一家农户，阳光洒在一栋老屋上，质朴的泥墙与老屋相依相生，古朴中透着深沉厚重的气质。静静品读，那泥墙仿佛卷了百年光阴，虽然旧了、残了、破了，但留得无名花草在上面恣意招摇，"芳草留人意自闲"，透过绵密的光线，每一个细节竟如此熨帖，刹那之间，足以动容。乡间工匠干活，没有那么多惊天动地的理论，全是似水流年，一粥一饭，朴素加朴素，厚道加厚道……但是，自然、生态、可持续，不早不晚，恰巧都在（图6-19）。

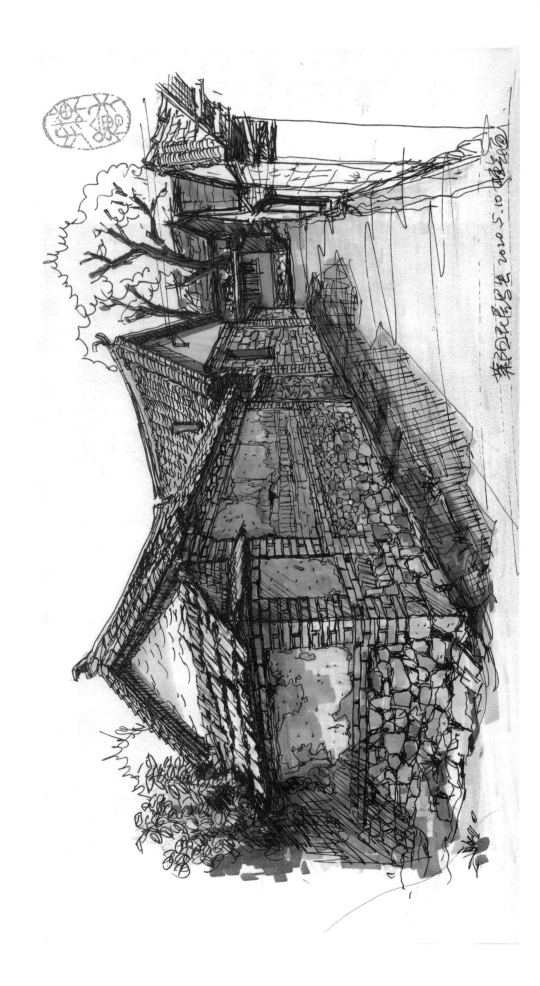

苏州木渎古镇 2010.5.10 速写⊙

6.1.3 砖墙

清末民初，胶东地区砖瓦产量较大，比较讲究的人家在建造房屋时常选用青砖砌造墙体。用砖砌造，为增强稳固性，一般地基用石材铺垫，然后墙身用砖砌。砌筑时，为防止视觉上的错觉，墙体自下而上逐渐向内倾斜。

砖墙砌筑分空斗墙和实心墙两种。空斗墙就是两面用竖砖立砌，中心填入残砖碎瓦。《营造法原》曰："空斗者乃以砖纵横相置，砌成斗形中空者，其砖省而其价廉，亦可借此防声防热，有如今之空砖，虽不及石滚和花滚之坚实，但用于不须负重之隔墙，亦属相宜。"这种砌法方式既省砖又减轻了墙体重量，同时节约了成本，非常实用，一举两得（图6-20）。

图 6-19
夯土残墙

图 6-20
残破的空斗墙

与空斗墙相对的是实砖墙，它由用砖层层叠加，用灰浆粘连而成。青岛地区，受德国文化的影响，常用红砖砌筑墙体，红砖和青砖一样，都用泥土做坯，进窑烧制，只是因烧制的时间、温度不同而呈现不同色彩。其实，不论选用红砖还是青砖，主要得与建筑周边的环境相协调。青岛多欧式建筑，红瓦绿树碧海蓝天，红砖自然是合适的选择，而胶东人部分农村青山绿水色调温和，笔者认为用青砖砌墙是不二之选。

砖墙除了保家护院，赏心悦目也是必不可少的追求。工匠们为保证墙体稳固，一般不会在墙身上大做文章，只能在砌筑"丁""顺"排列上稍作变化。于是，爱琢磨的工匠们瞄准了墙帽部分，给片片花瓦提供了一个展示才华的舞台。这样就出现了"西番莲

图 6-18
土坯外墙，刘栋年绘

砂锅套""双轱辘钱""鱼鳞""三叶草"等婀娜多姿的花瓦造型。同时，工匠们也没有放过后檐墙的檐口，因此，出现了欢天喜地的"灯笼檐"、进出有序的"菱角檐"、规整严谨的"抽屉檐""八不蹭""折子檐""鸡子混"等美好、吉祥的砖雕工艺，给原本素雅的墙体增加了几分书韵墨香（图6-21～图6-26）。

图6-21
双轱辘钱花瓦

图6-22
鱼鳞花瓦

图6-23
套砂锅花瓦

图6-24
方椽圆椽砖檐

图6-25
灯笼檐

图6-26
菱角檐

6.1.4 碎石墙

李渔说："墙壁者，内外攸分而人我相半者也。俗云：'一家筑墙，两家好看'。屋室器物之有公道者，惟墙壁一种，其余一切皆为我之学也。"虽然，青砖粉墙，令人仰慕；贫寒人家，碎石小筑也别有风骨。胶东有句俗语"穿衣戴帽就家当（依据自家财力说话）"，当然盖房子也得依据自家的经济能力而定。早先年间，经济较弱的人家盖房，平时就会从山间地头收集一些零散石头，砌筑时，看似非常随意，其实方式是很讲究的。首先选择较大、较平整的放在下面，对于不规则的石头，大面朝下放置，对于小点的碎石尽量找能相互扣合的上下排列组合在一起，与此同时，碎石之间要保持向墙内倾斜的角度，好让它有内聚性和稳定性。表面看，这种方式比较简单，其实在实际操作中却需要一定的技术和经验的。砌筑出来的墙体，石块按上下、左右、正放、斜插排列，放肆又收敛，的确与众不同。还有的碎石墙，下面是相对大块的石头平行摆放，墙身中上段则选用大小较为合适的片式，侧立着摆放，一层向左一层向右，层层叠叠间自然形成一种律动美感（图6-27、图6-28）。笔者在调研中发现，有的农家小户筑墙随性得很，将自家吃剩的海蛎壳砌筑其中，20厘米长的贝壳历经几十年的光阴浸淫，竟愈发柔韧，与坚硬的石块紧紧偎依在一起，大有"巾帼不让须眉"的气势，成为支撑墙体的中坚力量（图6-29）。唐代白居易在《草堂记》中云："木，斫而已，不加丹；墙，圬而已，不加白。砌阶用石，幂窗用纸，竹帘纻帏，率称是焉。"是啊，这种"清水去芙蓉，天然去雕饰"的自然美感，不仅存在于中国文人的高雅情怀中，也存在于小老百姓日常生活里。

图6-27
黄岛灵山卫一民居碎石墙

图6-28
大原村碎石墙

图6-29
大原村蛎壳墙

6.2 山墙

提到山墙，总是会让人不自觉联想到伟岸、健壮……它像大山一样保护着一方宅院。

胶东民居多属于硬山建筑。硬山山墙的外立面主要由下碱、上身、山尖、拔檐博缝四部分组成。下碱又叫下肩、裙肩，承受整个墙体的重量，因此，老百姓盖房时选择敦实、厚重的石材是必须的。莱州、招远山区盛产大型花岗石或青石，一般民居多采用长方形的石料砌筑下碱，条件好的人家下碱砌墙条石可达 3m 多长、60 多 cm 高，造价不菲；上身是指下碱与挑檐石之间的部分，是山墙的中坚部分，它常采用砖、石结合的方式砌筑。常见工艺有六：其一，整砖或抹灰上身；其二，整砖加抹灰软心；其三，整砖加硬心（石材或砖）；其四，砖、石结合；其五，海棠池上身；其六，土坯墼抹白灰。另外，山墙为承重墙，传统民居设计一般不会在山墙上设门，民间俗语"山墙扒门必定伤人"，这是因为传统硬山构造的主梁是搭在山墙上的，山墙为承重墙，如果在墙上开门会使山墙的承重能力下降，造成房屋的不稳定。山尖是指山墙上部三角形区域，在胶东硬山建筑中常见尖山和小圆山两种形式（图 6-30 ～图 6-33）。山尖之上一般有两层拔檐砖与博缝砖，官式硬山建筑按清中期规矩，有"六、八、十"之说，即博缝出檐六分（约 1.9cm），第二层出檐八分（约 2.5cm），第一层出檐十分（约 3cm），但民间工匠施工有自己的道理，不一定严格遵守。其实不只是在博缝建造方面，在建筑的任何一个方面，因着地域、材料、工艺、技术等方面的原因，民间工匠善于自我创新，形成"百花齐放"的民居格局。山墙，作为"一屋之主"于隆重端丽中就有了"千墙千面"的繁荣风貌。

图 6-30
尖山（1）

图 6-31
尖山（2）

图 6-32
圆山（1）

图 6-33
圆山（2）

王澍先生说："建造一个世界，首先取决于人对这个世界的态度。"老百姓盖房子，是将毕生所有的欢喜、盼望、希望、祝福全部融入其中的，因此那房子是有温度、时间、声音、手感、气味、气质的。穿过每一栋老屋，最动人的是房屋主人经营它的每一寸细节。它们或精致，或庄重，或轻松，或随意，"一砖一石，彰显情怀"。

在莱州、招远等地的富裕人家，老百姓在建屋选材时，石材是他们的心头最爱。莱州金城镇后坡村一民居外墙，下碱与上身部分直接用五块花岗岩青石砌筑而成，其中下碱的一条青石长3510cm、高470cm，其石材的厚重、稳固不言而喻。宋代杜绾在《云林石谱》中言："天地至精之气，结而为石，负土而出"。巨石之上，山墙的其他空间用青砖砌筑，青砖、巨石相互映衬，同领风骚。那"山尖"青砖一丁一顺整齐、有序，博缝头阴刻着精美的牡丹花纹，戗檐砖用古朴的篆体写着"安""保"等字，"宅安，即家代吉昌"，足见主人期盼太平盛世、家宅平安的心愿。整体来看，5m多高的山墙，坐落于60cm的台明上，在蓝天白云的映衬下，其外部轮廓灵动、饱满、富有变化，于天高云淡中静若处子、巍然屹立（图6-34）。同样用青条石建造，金城镇马氏故居的山墙则另有一番滋味，山墙下端，用几块平整的大青石砌成"凸"字形，上身至博缝全部用青砖砌筑，整体显得沉稳、素雅。另外，此山墙挑檐石做得别有风味，打破常见规律，北高南低。这种不在同一条水平线上的设计，是工匠的大胆创新，可以相对缓解山墙的承重压力，足见民间工匠之艺高人胆大（图6-35）。

图 6-34
后坡村民居山墙

图 6-35
马氏故居山墙

　　在胶东地区，莱州石匠的手艺那是远近闻名，颇受赞赏，其他地区的石匠手艺也是高手辈出，令人赞不绝口。招远高家庄子有一处民宅的山墙，可以说大大超出了人们对条石砌筑山墙的想象力，原本单一水平砌筑的大型石材，在工匠手中硬生生有了略微的起伏变化，顺形就势，前后呼应，上下关联，造型的起伏变化富于音乐感，石材间的接缝仿佛是一串串水波纹融于沉闷的山墙中，使山墙有了一种如沐春风的轻松、自在（图 6-36）。如果条石砌筑的山墙有风长气静辽阔之美，那蓬莱乡间的火山岩山墙则有"野渡无人舟自横"任性美。蓬莱盛产黑色或带花斑纹的火烧石。该石材成分复杂、不易打成方料，工匠便选用坚硬不碎之石作墙料。那大大小小、不规则的火烧石自下碱至博缝，通过工匠巧妙排列，"妙手回春、变废为宝"，形成疏密有致、有血有肉、生动鲜活的山墙景观，有着天然的、现代大写意的粗犷美（图 6-37）。

　　用石材装点的山墙风光无限，那用青砖修砌的山墙也不容小觑。在山墙上，如果青砖一意孤行，将其通体覆盖，那么山墙必显得气韵高清、静气凛凛；如果在山墙上揉进一颗加抹灰的"软心"，山墙则显得舒坦熨帖，可以与之相生相长（图 6-38）；如果在山墙里加上不同石材的"硬心"，于山墙就有了一刚一柔的对话，这其中的情味美妙无比（图 6-39）。正如《雪洞》的作者丹津·葩默所说："你以为心灵成长是什么？它不发光也没有特殊声响。它非常平凡，就在当下。"的确，就在当下，感受屋主人的良苦用心，无论是素朴、凛凛的青砖，野性十足的"硬心"，还是柔弱舒展的"抹灰"，都会将家园装点得有滋有味、有声有色。

图 6-36
招远高家庄子民居山墙

图 6-37
蓬莱马山寨火山岩山墙

图 6-38
大原村软心山墙

图 6-39
金城硬心山墙

6.2.1　山墙装饰

胶东民居装饰素材多取材于生活，却不拘手法地追求意象的表达，以想象为前提，运用装饰处理将自然的物象及对生活的观察、愿望、理想加以美化，依照美学法则对各种物象进行高度提炼、夸张、修饰。山花、博缝头、排山铃铛、披水砖等均为胶东民居山墙的建筑装饰构件，在表现语言上，简单、素雅；在构成方法上，既有各自独有的魅力，又依附于山墙，与山墙相融而生。

山花作为中国传统民居建筑装饰的内容之一，是位于山墙上部、屋檐下的装饰构件。山花的造型一般为方形、长方形、菱形，内容多以吉祥图案或文字雕刻为主。吉祥造型多见祝福平安的如意纹、寓意荣华富贵的牡丹花等；文字雕刻多是"太公在此""泰山石敢当""八卦图"等，这些文字作为风水镇物，起到加强警示的作用。另外，还有的刻着"紫气东来""福星照临""吉星高照"等吉祥文字。在胶东民居中，如果东山墙头对着另一家宅院，则要雕刻"紫气东来"，以期望阳光普照，驱除厄运；如果西山墙头对着另一家宅院或面向胡同、街道，则雕刻"福星照临""吉星高照"等。另外，个别民居将山花装饰与实用功能合二为一。莱州大原一民居的山墙上并排两枚镂空铜钱山花，这两枚山花除增加山墙的视觉层次外，还起到为墙体、室内梁柱透气的作用（图6-40～图6-43）。

图 6-40
"如意"与"紫气东来"山花

图 6-41
"吉星高照"山花

图 6-42
"福星照临"山花

图 6-43
"事事如意"山花

综观这些精美的山花，整体阐释出人们祈福平安、富足、子孙满堂的美好愿望。在山墙上，除了山花，博缝砖两头的装饰也是非常讨人欢喜，有代表阴阳平衡、"天人合一"的太极图，有含苞待放的荷花、枝繁叶盛的牡丹、妖娆的卷草，甚至还有一只草龙悄悄地游走在天地间。值得注意的是，在博缝砖和屋顶的垂脊之间还有一道勾头和滴水，它们有一个很响亮的名字"排山铃铛"。排山铃铛是屋顶檐口的筒瓦和板瓦，它们具有保护山墙结构的作用。在这里，这道勾头和滴水紧贴博缝，有节奏地垂卧在山墙上，与山花、博缝一起，在日月星辰的陪伴下，静观风起云涌，为大气端然的山墙增添了无限灵动的生命活力（图6-44～图6-49）。

图 6-44
草龙

图 6-45
牡丹

图 6-46
圆寿

图 6-47
莲花

图 6-48
含苞待放的荷花

图 6-49
排山铃铛

在胶东地区用砖砌筑的山墙上，还有一种用浅色条石牵拉、装饰山墙的做法。在灰色素雅的山墙上，浅色花岗岩石块似音符一样跳跃在山墙间，使凝重的山墙兀自有了一份妖娆的气氛。其实，条石表面看只是起到装饰作用，实际上它骨子里像一条条的钢筋伸展在砖墙里，拉骨抻筋地将砖墙内里的土坯结构与外面的砖面结合在一起，使之百年永固（图6-50）。

图 6-50
湾头山墙

6.2.2 接山

在胶东传统村落中，由于村落较小，房屋密度较大，经常可见两户人家的房屋共用一面院墙，山墙与山墙紧紧靠在一起，俗称"接山"。一般，接山的民居无论是否有亲戚关系，只要建筑需要都可以接在一起，这足以证明胶东人的宽厚、大气，邻里和睦的生活状态。不过，接山户在盖房时一定要遵守老祖宗立的不成文的规矩，"上水压下水"，即房屋的高度、宽度不可超过原住户，如违背则被视为大不敬，对自家及原住户都"不吉利"，因此，大家都会墨守成规，不去逾越。讲究的人家，还会在接山之间玩点花样，例如在两家正脊之间用瓦片装饰成"铜钱""莲花"……可谓"别出心裁""美不胜收"（图 6-51、图 6-52）。

图 6-51
莲花

图 6-52
铜钱

6.3 墀头

有人把建筑比作凝固的音乐，那么依附于建筑上的装饰构件就是音乐中的美丽音符。墀头俗称"腿子"，是民居山墙的一部分，它位于山墙两端檐柱以外的部分。墀头一般分为三部分：下碱、上身、盘头。下碱为山墙的基座，盘头是墀头出挑至连檐的部分，是墀头主要的装饰部位。传统设计中，根据层数，盘头可分为"五盘头""六盘头"。一般，六盘头自下向上逐层为：荷叶墩、半混、炉口、枭、头层盘头、二层盘头和戗檐。五盘头仅少一层炉口。在胶东民居硬山结构中，盘头装饰相对没那么复杂，工匠一般将精力主要集中在戗檐和荷叶墩部位。这些精美雕刻，将字、画、意集于一体，展现出遵寓意、巧构思、重造型的艺术特色（图6-53～图6-56）。

图 6-53
盘头正面，
孙震绘制

图 6-54
盘头侧面，
孙震绘制

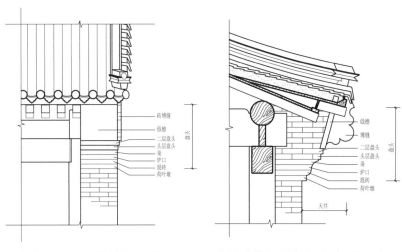

图 6-55
李氏庄园盘头

图 6-56
牟氏庄园盘头

6.3.1 遵寓意

中国人凡事图个吉利，讨口彩的习俗由来已久。《庄子·人世间》曰："虚室生白，吉祥止止"。古人认为"言不尽意""立象以尽之"，符号比语言思维更重要。因此，附丽于建筑物上的吉祥纹样与人们朝夕相伴，无不浸透着老百姓的美好愿望。

在民间，人们把房屋视为宇宙的象征和缩微，民宅就是"人造小宇宙"，吉祥纹样就是一种暗示幸福的符号，能够让人充满力量、信心十足。康德在《判断力批判·第十四节》中说："在绘画、雕刻和一切造型艺术里……本质的东西是图案设计，只有它才不是单纯地满足感官，而是通过它的形式使人愉快，所以只有它才是审美趣味的最基本的根源。"由此可见装饰图案的重要性。胶东民居墀头上的戗檐砖、荷叶墩所承载的意义与人们现实生活、日常渴望息息相关，表达出人们对美好生活的向往。莱州大沙岭村民居中的"寿"字戗檐砖内涵丰富、寓意深刻，令人回味无穷。"寿"字本是最受人喜爱的汉字之一，经过数千年历史文化的洗练，将书法艺术和传统的美学完美地结合在一起，不仅字意延伸丰富，字体也变化多端，成为吉祥的符号。古人认为只有家庭团圆、和睦相处，人才会长寿延年，于是就有了"团寿"图案，民间匠人别具匠心，将"团寿"发展为多种形式，如双线、单线、上下两等分、左右两等分等。此处的"团寿"更是匠心独具，将寿字分为上下结构，中心用"卍"和"王"字纹联系分割，给人以环绕不断、绵延不绝的感觉，方寸之间足见主人的心意：富足、长寿、喜乐、绵长。笔者在调研中发现，金城民居中的"鲤鱼跃龙门"戗檐砖体现出了图案符号的魅力。在波涛汹涌的大海，将鲤鱼幻成龙的不同瞬间以蒙太奇手法一一展现，画面中鱼头已变为龙头，鱼尾却还没有变化，将鱼到龙的转化过程栩栩如生地表达出来，非常传神。鲤鱼跃龙门的传说早在两千年前的《尔雅》中就有记述，隋代科举制度出现后，鲤鱼跃龙门用于隐喻学子寒窗苦读、金榜题名的艰辛与荣耀。还有为子孙祈福官高爵显的戗檐砖。砖面采用浅浮雕手法，一面是花瓶插孔雀尾羽和珊瑚，古人谓之"翎顶辉煌"；一面是荷花、荷叶茎连着茎，谐音"一路连科"，左右合在一起就是期盼子孙将来高官显爵，成为"修身""齐家""治国""平天下"的人才，为家国做贡献（图6-57～图6-60）。

图 6-57
团寿方砖

图 6-58
鲤鱼跃龙门

图 6-59
翎顶辉煌

图 6-60
一路连科

6.3.2 巧构思、重造型

　　《论语》记载："子曰：质胜文则野，文胜质则史。文质彬彬，然后君子。""质"指人的内在道德品质，"文"指人的文饰。扩展到民居审美领域中，"文"与"质"就是民居装饰形式和内容的统一，表现在戗檐砖、荷叶墩制作上就是讲究工艺精湛、主题明确、形式多样、层次丰富、审美情趣独特。从"和和美美"戗檐砖明显可以感受到民间画工胸有成竹的艺术创作过程。该作品利用浅浮雕与工笔重彩结合的技法，线条疏密有致，色调饱满，一对鸬鹚隐藏在浓密的荷叶之下，两两相对，温情脉脉，顾盼生姿，活灵活现，可谓才尽其用、雅俗共赏。与"和和美美"相对的"一路清廉"，一只展翅欲飞的白鹭栖息于莲叶之中，色调素雅清丽，惟妙惟肖。这些构思巧妙的戗檐砖，与胶东民居相得益彰、珠联璧合，朴素中见大气，规范中显别致（图 6-61、图 6-62）。

143

图 6-61
和和美美

图 6-62
一路清廉

胶东民居的戗檐砖大多雕刻得繁丽、精美，引人入胜，也有图面简洁、以少取胜的范例。莱州大原村一民居的砖雕上，仅展现一幅展开的卷轴画卷，画面没有任何多余装饰，但却将主人的小心思展现无遗，简约的砖雕中隐含着浓浓的书香气息，透露着主人对"诗书礼仪"之家的崇拜与热爱，品在当代，利在子孙（图 6-63、图 6-64）。

另外，在胶东戗檐砖上有采用篆书字体并增加盘曲装饰雕刻的"天""安"等字，还有隶书体的"翚""飞"等，古雅大气，如翚斯飞（图 6-65～图 6-70）。

图 6-63
卷轴画卷

图 6-64
双喜临门

图 6-65
天

图 6-66
安

图 6-67
飞

图 6-68
翚

图 6-69
平安长寿

图 6-70
多子多福

　　胶东民居的戗檐砖无论形式如何，都具备情真意切的特色，让我们不得不对民间工匠心生敬意，为他们创造出极具文化与审美内涵的建筑构件而喝彩。

本章摄影：刘国哲、刘栋年、李泉涛

7

大美
无言

康德认为美是人类思想的一种独特、自主的运用。美学的首要任务就在于对某种思想认识的正确理解，即对体验和判断能力的理解。民居与其他的艺术不同，首先它不是个人的作品，同时又具有一定功能，民居的美不简单依赖于实体形式，而与审美主体的意识密切相关。它既依附于民居实体而存在，又是民居主体造型艺术的发展和深化。它不但美化了民居，同时也很好地满足了民居的功能需求，具有良好的观赏及实用作用。今日，在胶东，那些日渐稀少的老房子，历经岁月洗练，虽老了，旧了，但和谐美、自然美、生态美的韵味依旧芳华逼仄，气质、味道收放得恰恰好（图7-1～图7-10）。

7.1 和谐美

　　"和"字最早出现在甲骨文和金文中。"和"字包含"和合"的思想，是不同事物之间的对立统一，气韵平衡、美满。"谐"是指各要素之间配合适当和匀称，和睦协调。"谐"同时也属于美学范畴，指事物内涵与外延的综合，物质与精神的结合，主观与客观的统一。胶东民居的"和谐美"是其基本要素，具体体现在建筑构成要素之间、建筑之间、人与建筑之间的和睦、平和。"礼之用，和为贵""天时不如地利，地利不如人和"就是这种道理。

图 7-1
花香满墙

图 7-2
绿茵残墙

图 7-3
花拥墙头

图 7-4
海草小院

图 7-5
老墙溢香

图 7-6
红瓦石屋

图 7-7
生态街巷

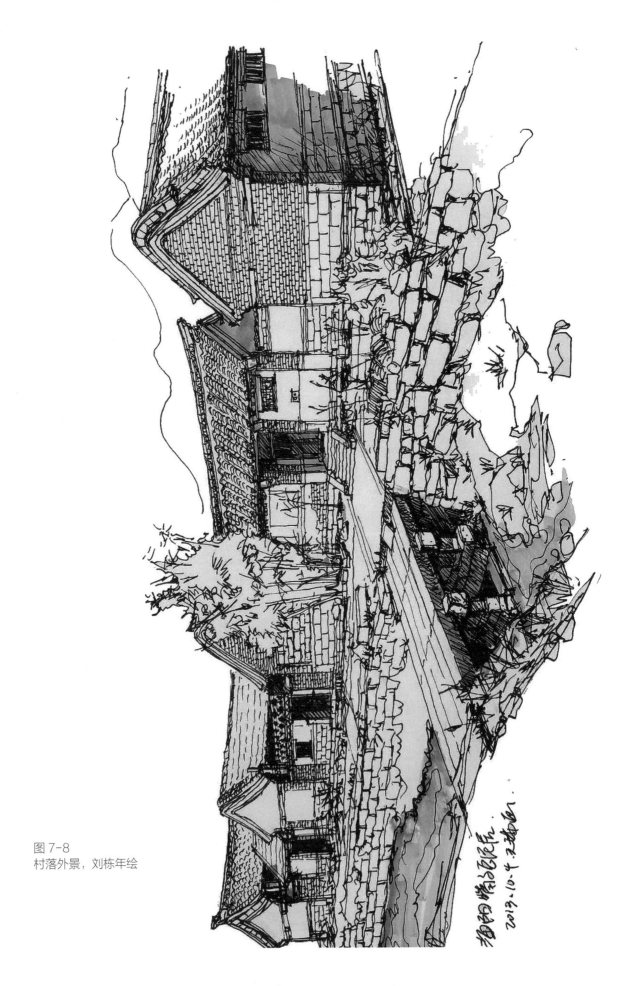

图 7-8
村落外景，刘栋年绘

图 7-9
老街门，刘栋年绘

图 7-10
屋门老窗，刘栋年绘

7.1.1 建筑构件

　　胶东民居的建筑构件依附于民居，与民居生死相依，相互成就。每个构件都是积年累月反复琢磨与实践的结果。构件的造型源于对装饰性与力学特征的统筹考虑。整体构件以功能为先，装饰形式讲究对称与变化，装饰语素充分体现民间匠师丰富的想象力和超凡的艺术创造力。民居与构件之间交相辉映，共同寄托胶东人民的文化意识和审美感情，形成强烈动人的艺术氛围。抱头梁是民居建筑构件功能与装饰完美结合的范例之一，它安装于胶东民居的金柱大门廊心墙上方，是大门墙体重要的建筑构件，以一己之力承托门楼顶部压力（图7-11）。抱头梁一般由一块整木做成，它的大小尺度依据传统的权衡尺寸而定。它厚重、诚恳，却不失潇洒风流之姿，堪承大任。其装饰素材多取材于生活，民间匠师运用一定的装饰手法将自然物象及对生活的观察、愿望、理想加以美化，并凭借丰富的想象力和创造力，依照美学法则对各种物象进行高度提炼、夸张、修饰。其梁头装饰多见云纹、云草纹、莲花纹、龙纹。那云纹梁头，自有一番闲时、随意，与蓝天"日月之行、星汉灿烂"；那龙纹梁头则另有一番风骨，似一头苍龙端卧大门梁檩之下，其呼啸之势随风而至，威风然、凛凛然，自带"王者之势"。而梁身的装饰则是味道清奇，或简单素雅不饰雕饰，或轻描淡写"梅兰竹菊"，或精心镂空"狮子绣球""国色天香"……可观可品，素雅恬适。总之，梁头、梁身共同成就了"抱头梁"的种种美好。民间匠师更将各自心中的"重头戏"给了它，让其"负重而行"，承托家园的"岁月静好"（图7-11～图7-19）。

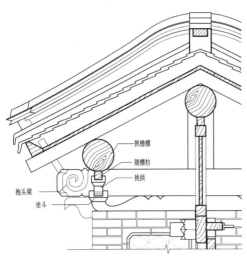
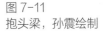

图 7-11
抱头梁，孙震绘制

图 7-12
莲云抱头梁

图 7-13
云头抱头梁

图 7-14
祥云抱头梁（1）

图 7-15
祥云抱头梁（2）

图 7-16
莲花祥云梁头

图 7-17
祥云梁头

图 7-18
梁身浅浮雕——牡丹

图 7-19
梁身浅浮雕——莲花

如果说大门上的抱头梁有王者的气势，那么门外院墙上的拴马桩则昭示了主人"耕读传家"的本分与淳朴的气质。拴马桩，即拴住马、驴或骡子等牲畜的构件，以防其走失。拴马石一般分为两种：一是独立柱式，二是嵌入墙体式。在胶东，拴马桩多为后者，嵌入式"拴马石"是将狭长的方石砌入墙体，其长度往往贯穿墙体厚度，以便牢牢系住牛马的缰绳，同时也能增强墙体的拉结作用。它的截面多为方形，其露在外面的一头左右掏空，形成系绳的空洞。胶东拴马桩看似简单、洗练，其形式或是方中嵌圆，或是方中带方，或是毫无装饰的单独一块石头，或是稍加修饰围上一圈青砖边框，但不论怎样，都是暗含了房屋主人、民间工匠关乎社会、关乎世情、关乎生活百态的心灵杰作（图7-20～图7-26）。

图 7-20
牟氏庄园外墙拴马桩

图 7-21
拴马桩（1）

图 7-22
拴马桩（2）

图 7-23
拴马桩（3）

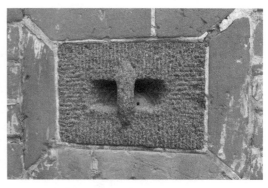

图 7-24
拴马桩（4）

图 7-25
拴马桩（5）

图 7-26
拴马桩（6）

　　栖霞李氏庄园的拴马桩可以说是其中一个代表，在青色长方形花岗岩的截面上嵌圆形绳洞，花岗岩的底面上是传统的"打细道"石活，细道排列整齐均匀，呈放射状，其工艺之精湛是现代机械设备所无法比拟的，中心饱满的绳洞则雕刻精美的浅浮雕图案，有祥云、寿字、蝙蝠不同形式。其中"福在眼前"拴马桩最为精美。《韩非子·解老》上曰："全寿富贵之谓福。"求福是中国传统吉祥文化的一个重要组成部分，"福到眼前，万事顺意"。可以说，拴马桩虽然是民居的附件建构，但外化了主人的情趣习尚、家况家境，对主体建筑有着明显的注解的作用。《易经》："观乎天文，以察时变。观乎人文，以化成天下。"拴马桩将天地、四季与阴阳和谐起来，增强了胶东人对自然深入的认识，是中国北方农业文明的精神图章（图 7-27～图 7-29）。

图 7-27
"福在眼前"拴马桩

图 7-28
"祥云绕顶"拴马桩

图 7-29
"福寿安康"拴马桩

　　巧立意也是传统建筑构件的一大特色，这一点莱州大原民居的一个小小的烟囱可以佐证。工匠巧用施工剩余的废砖瓦，以几块砖为柱，几页瓦为顶，利用瓦的弧度自然形成阁楼式屋顶的曲线，随意组合就成了一个优美的烟囱（图 7-30～图 7-36）。

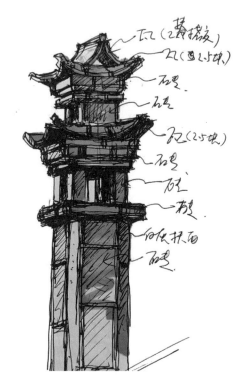

图 7-30
烟囱工艺

图 7-31
阁楼型烟囱

图 7-32
山墙烟囱

图 7-33
翼角烟囱

图 7-34
厢房烟囱

图 7-35
双烟囱

图 7-36
红砖烟囱

7.1.2　民居色彩

民居色彩在形成过程中自然不自然地受到社会和自然两个方面因素影响，社会因素包括政治、经济、文化、宗教信仰等方面，自然因素包括当地的自然环境、气候条件等方面。两者相互影响，最终形成各地域不同的民居色彩记忆。胶东民居色彩也是如此，在社会和自然双重影响下，形成人与自然融合的典范、人与社会和谐的典范、物质与精神结合的典范。在中国传统民居文化中，颜色的使用有着严格的等级规定。元李翀《日闻录》曰："白屋者，庶人屋也。《春秋》，丹桓宫楹，非礼也。在礼，楹天子丹，诸侯黝垩，大夫苍，士黈，黄色也。按：此则屋楹循等级用采，庶人则不许，是以谓之白屋也……古者宫室有度，官不及数，则屋室皆露本材，不容僭施采画，是为白屋也。"因此，民居色彩相对单一、素雅，并慢慢地约定俗成、百世不变。同时，《周礼·冬官考工记》所述，"画缋之事，杂五色。东方谓之青，南方谓之赤，西方谓之白，北方谓之黑，天谓之玄，地谓之黄。青与白相次，赤与黑相次，玄与黄相次"。传统习俗中以"黑"代"水"，"水克火"，而防火是民居安危的头等大事，因此民居色彩一般多以黑、白、灰为主。由此，胶东民居的色彩也多延续此类规则，百变不离其宗。威海荣成地区民居材料主要是海草屋顶、花岗岩立面，因此青灰色的海草屋面与不规则的花岗岩或夯土墙，形成黑、灰、棕三色的建筑主调，这种朴实无华的色彩在历经百年风雨之后，在光阴的雕刻、侵蚀下，形成斑驳、沉静的记忆，并与大海的深邃、山的凝重相得益彰（图7-37）。荣成马山脚下又是著名的白天鹅故乡。每年天鹅归来时节，洁白的天鹅翱翔在蓝天白云之下、灰色屋顶参差有序地起伏变化、炊烟袅袅升起，宛如一幅秀美、舒畅的传统中国水墨画徐徐展开，其动态旖旎委婉，给人以宁静致远的心灵寄托，形成无与伦比的具有胶东审美情趣的和谐壮丽美（图7-38）。

图 7-37
荣成海草民居

图 7-38
马山民居

梁思成先生曾指出："建筑之始，产生于实际需要，受制于自然物理，非着意与创新形式，更无所谓派别。其结构之系统及形制之派别，乃其材料环境所形成。"民居的建筑形式是人类对环境做出的选择，受环境的影响最为直接。各地自然地理环境的不同，造成民居的色彩、肌理、材质的不同。胶东一带，建筑材料则多取自然界中泥、土、石、草、木，彰显温暖平和、朴素大方的乡土气息，工匠们在日积月累的实践中慢慢形成了一套完整的色彩语言，或厚重、或清新、或浓郁、或淡雅，纷繁复杂，共性与个性交织，共同构筑了胶东民居建筑的色彩世界。莱州初家，依山傍海，传统民居外墙材料多采自周边山里的石头，山石个性十足，色彩稳中有变，造型各异，工匠们随势就形，形成沉稳中自带五彩色韵的建筑色调，与周围的大山形成苍茫和谐的氛围。莱州珍珠民居材料多为青砖、土坯砌墙、灰瓦铺顶，色彩以青灰为主调，视觉效果厚重结实，这似乎少了一份灵秀之气，但是每年春回大地，万物复苏，"苔痕上阶绿，草色入帘青"；冬天白雪覆盖，白灰交织，"夜深知雪重，时闻折竹声"则另有一番朴素的温暖熨帖。青岛崂山民居受德国传统建筑影响，多为石头墙、红屋顶，从高处俯瞰，清丽丽的红色屋顶鳞次栉比，铺天盖地，院落连着院落，屋顶搭着屋顶，悬山、硬山、卷棚你挨着我，我靠着你，形成错落有致的层次感、延续性。借助周边大海的波光云影，变幻莫测变，在海风轻拂漫掩中的民居宛如海市蜃楼般优雅、绚丽浩荡，营造出一种丰盈脱俗的悠远之境，自带海的包容与宽广（图7-39～图7-41）。

图 7-39
莱州珍珠民居

图 7-40
崂山石头房子

图 7-41
依山傍海的崂山民居

　　德卢西奥-迈耶曾说："自有人类以来，象征意义就是与大多数主要色彩联系在一起。"胶东民居的色彩，或庄重或清秀，不同的时间，不同的空间，人们对美的感受不同，这为人居环境的理想化和完善化提供了想象的空间。清晨，你能体会到"心远地自偏"的宁静，仿佛走进唐诗宋词的意境里；中午，太阳高照，民居背山面海，沉静、优雅，让人体会"面朝大海，春暖花开"的豪迈之气；黄昏时分，当走进普通的村里人家，体验回归山野的古朴气息，目之所及是被岁月熏黑的灶台、略带陈色的竹编筻筐、黄澄澄的玉米、红艳艳的辣椒，你可以尽情体会一把"人间有味是清欢"的愉悦（图7-42、图7-43）。

7.1.3 村落

为了建构完美的风水意象及宜人的生态居住环境，传统民居往往对村落选址、理水、自然资源的利用非常重视。传统民居所体现的人与自然的和谐关系，是自然山川与建筑、绿化景观与人文景观的完美结合。

过去由于人们对自然有天生的敬畏心，传统村落的设计对于自然环境和基地的利用往往比今天更为敏锐而深刻。从胶东传统村落的整体规划就可以看出，恰当地利用自然生态环境，对村落的空间和环境做出合理的安排，赋予村落空间结构和布局形态独特的表现形式，进而塑造富有艺术魅力的环境是其特色。传统的威海石岛村就是自然渔村的一个典型的代表，其布局形态基本沿海崖地自然展开，呈现一种后依青山、三面环山的带状格局。尽管它不像福建、皖南一带按礼俗约定形成的传统村落那样层次分明、结构清晰，但若仔细品味仍然能感受到以点（广场）线（道路）为骨架进行组织的空间结构和有次序的场所感。同时，石岛村的结构形成受到当时社会背景和生产生活的影响，村民们修船、补网活动需要相对宽广的空间，日子久了，广场自然形成，有了广场，相关的公共活动就随之产生。广场的存在丰富了村内场所的人文色彩，表现出生产活动和居民生活习俗在空间上的有机交织。在街巷组织上，因功能、需求不同，产生街巷宽窄的差异，形成不同层次的空间领域。由此，从村落布局可以清晰地看到当年自发调节的痕迹。人、居、渔、场、港、岛、海，经过岁月的打磨，经过人类生活、生产的整合，丝丝扣扣，密密斜斜，绵绵延延，最终演绎成具有地域特色的海岛文化，从而使村落的空间营造与自然景观环境融为一体，相映成趣，构成了一幅幅依山傍水、高低错落的优美画卷。一如孔子在《论语》中所云："知者乐水，仁者乐山；知者动，仁者静；知者乐，仁者寿。"（图7-44～图7-46）

图7-44
荣成村落

图 7-42
绕屋春分绿意浓，刘栋年绘

图 7-43
胶东百姓的日常，刘栋年绘

图 7-45
自然形成的胡同

图 7-46
西鲍村小巷，刘栋年绘

7.2 自然美

从中国建筑发展的客观实际来看，道法自然，合于天地，讲究审美主体与客体的默契和形式的和谐，注重"朴于外而坚于内"的审美意境，追求天、地、人三者和谐如一的思想，几乎成为人们本能的审美理想和境界。胶东先民也不例外，他们在"天人合一"的哲学思想影响下，与自然和谐共生，诗意地栖居，渗透着"以天合天""自然而然""无为而治"的顺乎天性的自然哲学观，凝系着胶东人民乐观质朴的民风和勤劳智慧的精神。当你走进胶东渔村，"结庐在人境，而无车马喧。问君能何尔？心远地自偏"的诗句油然而生，硕大松软的褐色草顶，粗犷、厚实的墙体，成排的卷棚顶式的屋脊造型，弯曲的石板齐刷刷地映入眼帘，渔村风味极其浓郁。海草房像文人的水墨画，灰白的房顶，暗红的石头墙，古朴稚拙又浓淡相宜，充满了轻松的笔墨趣味；那些历经风雨、长满青苔的海草屋顶，斑驳陆离，像老照片，记录着光阴的沧桑，印证着时光的久远，聚集着胶东原生态的本土基因，默默无语地向人们宣示"天地有大美而不言，四时有明法而不议，万物有成理而不说"。

7.2.1 自然气候对民居的影响

自然气候对村落规划和人类聚居环境的建设具有重要影响，人类的生存不可能脱离自然环境。自然环境作为人们借以活动的背景和舞台，与人类如影相随，共时并存。只是在不同地域，自然生态要素和环境条件的影响强度、作用方式和结果有所不同。但直到今天，气候环境仍是影响各地区整体空间结构、布局、人们生活方式乃至建筑材料供给的重要因素之一，可以具体到建筑间距、屋顶坡度、建筑风格、门窗大小等。

胶东地处沿海，夏季多雨潮湿，冬季多雪寒冷，在这种特殊的地理位置和气候条件之下，民居建造主要考虑冬天保暖避寒，夏天避雨防晒，于是以石材或夯土砌墙，用海草作苫盖屋顶，建造出厚重的海草房。从用材上看，海草房厚厚的草顶，起到了很好的隔热保温作用。厚达 40cm 的墙体也是很好的热稳定材料，在炎炎的夏日，与草顶一同阻隔了热辐射，避免室内温度迅速上升；夜晚，滨海地区特有的"海陆风"对吹，带来凉爽的风，将草顶和墙内蓄存的热量带走。冬季，厚实的屋顶在白天充分吸收太阳的日照（当地冬季日照较充足），并且有效阻碍室内热量的散失，从而保证了室内温度的稳定和居住的舒适。同时，胶东沿海地区风大雨多，为抵御风力，提高雨水流速，房顶通常采用两面坡屋顶或垒垛式的三角形屋顶，采用这样的结构、材料，夏天的雨水可以顺势而下，不会漏入屋内；当冬天大雪融化时，雪水可以顺着三角形屋顶迅速地向下流去，减轻雪对房子的压力。在雨雪的侵袭下，陡峭的屋顶越发显得庄严有力，与自然秀色相辅相成、自成体系（图7-47）。

7.2.2 就地取材

《周礼》言："天有时，地有气，材有美，工有巧；合此四者，然后可以为良。材美，工巧，然而不良，则不时，不得地气也。"材料是建筑艺术的载体，好的材料能够使建筑锦上添花。因此，匠心独具地利用地方材料，既能凸现建筑的地域文化，又能轻而易举地与环境"合二为一"。著名建筑师赖特说："每一种材料都有自己的语言，每一种材料都有自己的故事。"千百年来，威海人凿山取石，海中取草，这些毫无粉饰的自然材质，忠实地呈现出建筑和环境的一致性，从而创造出形貌独特的海草房，形成了胶东渔村的独特风貌。

海草房实用、美观，生态价值高，同时海草的耐久性、可持续性是现代建筑材料所无法比拟的。目前的建筑材料如水泥、砖瓦，由于不能循环利用而被丢弃成为建筑垃圾，成为环境污染源。据有关资料统计，在环境整体污染中，与建筑行业有关的污染就高达34%。可见，在当今大规模的建设中，寻找可循环使用的建材是非常重要的。而海草具有耐腐、抗虫的特点，一般40年以上才需要修缮，而普通民间瓦房20年左右就需要修整。同时，制瓦需要浪费土地资源，造成百年都不能降解的建筑垃圾。在安全方面，海草亦优于其它材料。风灾是胶东地区的主要灾害之一，烟台、威海地区年最大风速平均为22m/s。由于海草屋顶整体性能较好，通常不会被大风吹走，即便局部被吹落，亦不会伤人、伤物。因此，用海草作建筑材料，既经济又美观实用（图7-48）。

图7-47
油菜花香漫海草房

图7-48
古朴海草屋

165

7.2.3 自然植被

胶东半岛优越的生态环境使植物生长茂盛，欣欣向荣，在村头村尾，古树浓荫蔽天。村舍的左右背后，更是环以树木，美景入画，四季成诗，形成良好的外部生态环境，从而改善了村子内部的气候，有利于农耕生产、人居生活和居民的身心健康。莱州地区，传统村落一般在村外栽种杨树，形成防风林，村中以梧桐树为主。每当春风一起，房前屋后的梧桐花次第绽放，与屋顶上的山老婆指甲草、无名小花争相辉映，沉睡一冬的老屋立马被唤醒，鸟语花香，澄明、恬静，呈现出一派"不涂红粉自风流"的韵味（图7-49～图7-54）。

图 7-49
夏花争艳

图 7-50
春暖花开

图 7-51
屋顶自生的厚肉植物

图 7-52
屋顶的山老婆指甲草

图 7-53
梧桐老屋

图 7-54
绿树村边合

徜徉在桃源般的胶东渔村，沐浴着阵阵海风，感受海草的质朴古拙，捕捉岩石的沉稳，亲吻泥土的清香，享受花花草草的芬芳，幻想倚海而息的景致，体会孔子"浴乎沂，风乎舞雩，咏而归"的人生境界、庄子"忘"和"游"的写意状态、禅宗"雁过深潭，影沉寒水"的人生意境，那种美实在是无法用语言表达的。

本章摄影：李泉涛、刘栋年、刘国哲、刘白羽

8

营造
技艺

海草房是胶东人民的勤劳与智慧的象征。海草房，可醇厚、可妖娆，不施粉黛、素面朝天、英姿勃发地生长于天地间。其建筑形式凸显浓厚的地域及生态意识；其营建理念既包含传统意识，又蕴含顺应自然、因地制宜的原则；其材料选择讲究就地取材，以毛石、土坯墼、海带草等为主，整体工艺既讲究又率朴。

8.1 胶东海草房的建造工艺

8.1.1 夯土筑基

（1）选址择基

在建造民居之前，挑选地基是极其重要的一步。上世纪在农村，盖房子是每户人家天大的事情，是要举全家之力勒紧腰带、省吃俭用地筹划好几年，备足砖瓦橡檩才能够考虑动工。盖房前，村民会请"掌尺人"协助筹划。"掌尺人"即房屋的设计和建造负责人，其工作主要包括勘察地形、购买材料、组织施工和协调工种工序等。前期的工作基本如下：

① 与东家进行交流和沟通，观察房屋周边的地形水势。

② 按照传统规矩为东家指出房屋布局及位置、建筑朝向、街门的位置、道路规划、排水方式等构想。

③ 根据掌尺人预算的材料，东家筹备建造房子所用的材料。早期除了大户人家可以采购建设住宅所需要的材料外，一般比较贫困人家，建造房子的材料都尽量就地取材，少花钱甚至不花钱。户主会砍伐自家种了一二十年的树木，上山开采石块、下河沟捡卵石或打土坯坯预备墙体材料，下海收集海带草，然后晾晒预备苫盖屋顶。

④ 确定好建筑方位和朝向、规模、尺寸，备好料后，安排人员定水平挖基础。一个好的地基不仅可以使户主家人生活安康幸福，也对家族的兴旺发挥着至关重要的作用。

（2）挖基槽

地基择好后便可开始挖地基、摆墙（摆地基）。立墙必先营基，胶东民居基础的开挖主要是挖槽沟的形式。在挖基槽前，必须要先定向放线，该工作需要 3 或 5 人来完成。为海草房挖地基需先用棉线测量出基础位置，打木桩固定好，然后在棉线上撒石灰拉弹线，通过弹出的线性印记丈量建房的位置。工匠根据画好的放线位置开挖墙基槽。在开挖时，要进行地质地层的基本判定，对地质的承载能力、土质的软硬、土质的构成、土中含水率、地下水位的高低等都要有详细的勘察，确定吃力层的深浅，开挖达到吃力层即可确定基槽的深度，宽度要适当放宽超出墙体厚度，并做放坡处理，以免垮塌。

（3）夯实（打地基）

要想房子坚实稳固，夯地基是一项必不可少的工序。由于胶东地区地质较软，地下含有大量海洋生物有机成分，如贝壳、植被、藻类等，经年累月使得泥质软化腐烂，不利于保持地基的牢固性，必须夯实基槽底部的原土，否则容易引起厚重墙体的下沉。胶东民风淳朴，一家有事，众人帮工，在乡间蔚然成风。夯地基一般不用主人家邀请，只要听到动工放炮仗的声音，村里的青壮劳力会主动找上门来，主人家备好茶水、烟酒就行。这时，宅基地已经清理平整，基槽已挖好，掌尺人用白灰沿线撒一圈，规划好需要打夯的地方。夯实基础的工具是石硪，石硪是用石材做成的，少说也有三百来斤。石硪宽的那头朝下，稍窄的那头朝上，肩部四周有穿绳的孔，形成四个夯绳，由四人抬起，中间一人负责扶夯把，稳住夯桩，喊着号子上上下下，来来回回，砸实地面。过去，在胶东，农村人就用这种最原始的工具夯实地基的（图8-1）。

图 8-1
夯地基，刘栋年绘

（4）毛石砌基础

地基槽挖好夯实后，即可砌筑毛石基石。用于砌筑基础的毛石一般采自胶东山区的青石、麻石等花岗岩石材。材料选择外形相对规则、大小适中且硬度比较高的，地基石用3∶7或4∶6的石灰砂浆砌筑，一直砌筑到高出室外地坪。铺到最上一层土衬石（墙根）时要格外注意，选择石材的大小和厚度要尽量均匀，控制在15～16cm厚，使石料露出地面达到室内地坪的高度，为后面铺设墙体石料打好基础。毛石基础砌好后不能立即砌墙，必须让它沉降稳定后再砌墙盖房。

8.1.2　砌筑墙体

胶东海草民居由墙体与门窗共同构成建筑屋顶的承重部分及建筑立面的围护部分。屋架的梁檩落在前后墙及山墙之上，墙体承受屋顶的主要重量，梁架虽有柱蕨支顶，但柱蕨采用较细的木柱，不能作为主要的承重结构部分，只起辅助的支撑作用。在胶东各个地域，海草屋顶的材料选取基本一样，但墙体材料形式多样，夯土、土坯、石砌、砖砌，各有特色，各展风骚。墙体依据各自所处位置分为山墙、前檐墙、后檐墙、内墙、院墙。

（1）夯土墙

夯土墙是生土建筑中重要的建筑形式之一，其主要原材料是土壤。夯土墙在胶东农村比较普遍，主要用在院墙及部分山墙，根据情况不同而厚度不等，院墙一般在35cm～50cm之间，内墙则通常为30cm左右（具体工艺见第6章）。

（2）土坯墙

土坯墙的砌筑方式同夯土墙接近，需要在基础之上砌筑块石墙脚。由于土坯墼表面比较粗糙不平，平放分量较重，容易断折，因此摆砌时主要是立砌，少部分是平砌。一般是一层立坯一层平坯地摆砌，土坯墼之间用黄泥加以粘接，一块块土坯墼摆砌起来的，一直砌到檐口位置。为防止雨雪侵蚀，增强坚韧性，檐口一般会用砖檐收口。墙体砌好后，里外抹上草泥灰皮，外墙用麻刀灰抹平以保护墙面，内墙在麦秸草泥灰基础上用细泥抹平，干透后再整体涂刷一层白粉灰。白粉灰一般用胶东特产的滑石粉同小麦粉调制而成。经过涂刷修饰后的内墙立马由一幅"乡野男"的模样转变为"城镇俊俏的小媳妇"，整个院落也跟着"蓬荜生辉"，亮堂起来（图8-2～图8-5）。

图 8-2
夯土墙

图 8-3
土坯墼摆砌样式

图 8-4
土坯墙

图 8-5
涂刷修饰后的外墙

（3）石砌墙

胶东地区盛产石材，民居石砌墙比较普遍，一般有块石砌筑和毛石砌筑两种形式。莱州、招远山区盛产青石。青石抗风化、隔水防潮性能强，墙体选用青石作为基础，能够解决夏季雨水冲刷，冬季地下潮湿问题。砌墙时，将其加工成规整的矩形、方形、条形，甚至有规律的异形。威海地区则常见毛石墙体，毛石大都取自海边，石块摆放在规则中富有灵活性。砌墙时，墙体交接部分一般选用较大的石头，起拉结作用，亦可采用砖同自然石结合的方式砌筑，内侧则用小碎石砌筑。在砌筑墙体的山尖部分时，为减小墙体自重、减轻对墙基的压力，越接近屋脊的部分所用的石块越小，同时也增强了视觉上的均衡性（具体工艺见第 6 章）。

（4）砖砌墙

砖砌墙分为砖包土坯做法、里外皮皆用砖做法等。

砖包土坯做法就是墙体外皮为砖砌墙，背里采用土坯砌筑，这样的墙体外皮为砖墙形式，内部采用造价比较低的土坯墼，用丁砖同土坯墼相拉结，保温性较强，但抗震能力相对较弱（图8-6）。采用里外皮皆用砖做法时，砖块要大面向下平放，即顺砖砌筑，一般先砌几层顺砖，再砌一层丁砖，但是民间工匠砌墙自有章法，大多并不按常规做法，而是以顺砖为主，在需要拉结结构时增加丁砖。砖之间的黏合剂使用石灰砂浆，一般是淌白砖工艺，灰色砖面点缀白灰砂浆，在朴拙、清秀中呈现出独有的韵律感、节奏感（图8-7）。

（5）砖石混合砌筑工艺

在胶东，砖石混合做法比较普遍，且工艺精美。由于山石承重力、抗自然侵蚀性强，因此条件好的人家常以条石作基础，上面砌筑青砖，或者以青砖为主，石材为辅。这样山石的沉稳与青砖的素雅，一武一文和谐共处，成为独特的风景。

（6）山墙工艺

山墙是民居建筑两端的围护和承重墙体。胶东民居山墙基本是硬山形式，外立面由下槛、上身、山尖、博缝四部分组成。下槛的材料常见有条石、虎皮石、青砖等，上身主要有整砖、抹灰、带墙心抹灰、条石、虎皮石等。施工工艺同墙体相同，从下到顶构件一般是土衬石、下槛、压面石、腰线石、上身、挑檐石、博缝砖、拔檐、披水砖收口。山墙厚度一般为50cm左右，分为外皮及背里，背里一般多土坯，外皮砌砖或砖石结合，同背里土坯拉结，直到屋顶斜山及山尖处（图8-8、图8-9）。

在胶东，同样是海草民居，但山墙的形式却有区别。莱州在传统上一直为胶东地区的政治行政中心，海草房的建筑结构上受北方官式建筑影响，为硬山形式，因此在收口处增加卷棚梢脊及披水；而威海荣成地区则保持最原始的质朴元素，山墙为悬山形式。

图 8-6
砖包土坯墙

图 8-7
外皮背里砖墙

图 8-8
砖石工艺结合的山墙（1）

图 8-9
砖石工艺结合的山墙（2）

（7）檐口工艺

胶东民居前檐部分一般会有檐椽出檐，后檐口大都为封护檐做法，檐口下部造型比较丰富，主要有菱角檐、抽屉檐、灯笼檐等叠涩处理，还有很多有特色的花檐处理手法。这些檐口皆用青砖磨制组合而成，做法讲究，精致美观（图 8-10、图 8-11）。

图 8-10
砖方椽

图 8-11
木椽

8.1.3 屋架结构

胶东海草民居屋架形式一般为硬山建筑，梁架有抬梁式、八字梁两种形式。相对富裕的人家多采用抬梁式结构，简洁实用的八字梁屋架是一般老百姓的首选。

（1）抬梁式结构

胶东民居最常见的是五架梁。屋架主要由柱、梁、檩、椽、枋、竹席笆板等大木构件组成。每个开间由两个榀（柁）架组合，柱蕨上架五架梁，梁上安装前后檐檩，五架梁上安装瓜柱，瓜柱架三架梁，三架梁上立脊瓜柱，脊瓜柱上架设脊檩。为了防止檩受力下垂，在檩的下方增加一层随檩枋，每个开间的两个梁架通过各种檩连接起来，前后檐檩搭在前后檐墙之上为主要受力。梢间屋架搭接在两侧山墙之上，由山墙承重。在檩之上就是撑托笆板苫背及屋面的椽子，椽子一般 6 ～ 8cm，间距大都为一椽的半径（图 8-12 ～ 图 8-15）。

图 8-12
前檐，孙震绘制

图 8-13
后檐，孙震绘制

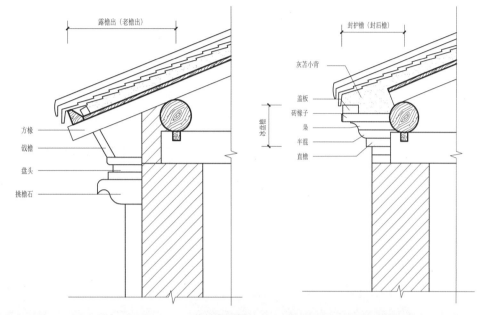

图 8-14
五架梁前后廊结构

图 8-15
五架梁具体构件

（2）八字梁结构

八字梁结构简单、好用，是胶东大多老百姓盖房的首选。主要构件为柱、大梁、脊檩、顶梁柱、八字木、檩条、高粱秸笆板。八字梁剖面造型为三角形，由顶梁柱、八字木卯榫咬合，坚固沉稳。顶梁柱以"一己之力"主要支撑屋脊重量，有时为增强其稳定性，缓解其压力，工匠们会增加两根斜撑，形成较为稳定的结构。八字木是承载檩条的主要构件，而檩条又承受海草苫层重达2000～5000斤的重量，同时将重力再次分散传递到八字木结构上，起承上启下的作用。荣成地区把檩条称为"腰杆子"。这样顶梁柱、八字木、"腰杆子"相互支撑，给老百姓撑起稳稳的、幸福美满的"如意天"（图8-16、图8-17）。

图 8-16
八字梁构件

8.1.4 屋面

胶东海草民居屋顶主要为硬山形式，屋顶与山墙齐平。屋面由基层、苫背层、结合层、屋面层组成。

（1）基层

胶东民居除了比较富裕之家，一般屋顶不设椽，以八字梁架承载檩条，檩条承载笆板，笆板采用拼板式结合，固定在八字梁架和高粱秸檩条之上，高粱秸檩条柔软且韧性较好，在海草房屋面结构体系中起到了承上启下和缓冲作用。高粱秸笆板为屋面主要的承托面，上承托两三千斤重的海草苫层，再将屋面重量平均分解给梁架和檩条，使海草房坚固耐用，同时延长其使用寿命。

图 8-17
八字梁民居，刘栋年绘

（2）苫背层

高粱秸笆板之上覆盖草泥苫背。草泥苫背由黄泥同剁碎的麦秸草均匀拌合而成，施工时，在高粱秸笆板基层上自下而上前后两坡同时铺抹。铺抹厚度在8cm左右，同时要保持草泥坡面基本平整。

（3）结合层

在苫背之上涂抹一层大约4cm厚由石灰、麻刀及黄泥加水搅拌而成的灰泥，形成苫背同海草屋面的结合层。

（4）屋面层

屋面工艺是海草房区别于其他民居最主要的特色之一，从选材到施工整个流程都颇具个性。

① 海草的选择

海草房的最大特点就是苫覆屋顶的材料海带草。海带草属于大叶藻，它叶宽3～5mm，叶长1～3m不等。传统的海草房至少需要3000～50000斤左右的海草。上世纪，胶东半岛沿海区域生态环境良好，海草资源非常丰富，在秋季，海浪会将海草推向沙滩上，准备建房的人家就去海边收集海草，备苫料。据当地人介绍，判断海草质量好坏要看是否有"屑"（本地音），即晒干后海草表面覆盖一层胶质物或皮状物。双面有"屑"的海草质地韧性强、纤维硬度较高，具有较强的抗腐蚀、抗霉烂性能。同时，晾晒海草也有一定技术含量，湿度要把握好，不能太湿，也不能太干，最后整理整齐，将优质的海草扎捆压实，扎成扁平状以备使用。但是目前随着生态环境的恶化，海草已经逐渐消失，海草房由于缺少了重要的建房原料也变得寥寥无几。

② 苫檐头

苫檐头是苫好海草房顶的基础，一般从房檐开始向上铺设。具体步骤是：先在檐头上抹上黄泥，用麦秸和黄泥混合而成的麦秸草铺设第一层，檐头的苫草为保护木质房檐免受雨淋一般出檐6cm左右，在此基础上以此顺序向上铺设三层。需要注意的是，为防止雨水滴漏造成房檐腐烂，檐头的麦秸草要多而密。

③ 苫房坡

房檐的"三层檐"铺好后，从东往西开始苫，铺设一层茅草或芦苇草并按顺序理整齐。铺设海草的时候，将海草成捆压实，苫好一层海草之后，在其表面压上土坯砖，以防止其脱落；再压上第二层海草，以此横向苫好一行海草，用耙板子拍实。铺海草要一层比一层厚重，海草要盖住麦秸草，压紧一直苫到房屋顶部。整个过程中海草要一直带泥铺设，再依次将海草按顺序铺设平整。

④ 封顶

封顶是为了使屋顶更加牢固、美观。苫时要一层麦秸草一层海草直至收顶。两侧屋面苫好后汇合于屋脊处，再垂直向上苫数层海草，屋脊处苫层最大能达到1m的厚度。最后收顶时，在屋脊处压上一层黄泥，使海草和黄泥能够黏合得更牢固，以此抵御风雪的侵蚀。

⑤ 拍平压实

苫好的海草房屋顶要淋一遍水使海草湿润，用拍耙将海草房两侧的海草拍打到平整、顺畅的程度，拍平房坡，再梳理修剪房檐的海草，使其干净利落，至此屋顶工艺基本完成。

⑥ 保护房顶

海草工序铺设完成后，有的人家不着急在房脊处压上白灰抹平，而是等1～2年后海草自然下沉，待到完全稳定后，再抹白灰增加黏性。在胶东莱州，比较讲究的人家为了防止房脊被风吹开，在脊顶堆尖处用弧形的瓦片并列压成一行，俗称"压房脊"。

如今，伴随着人们生活状态的改变，掌握海草房施工工艺的老匠人也呈现稀缺状态，曾经的"地域小气候"也被如今的"千村一面"所代替，曾经威海荣成的粗犷、招远莱州的沉稳、青岛黄岛的俏艳，也只能存在于老照片中，存在于一代代老匠人的稀薄的记忆中……（图8-18～图8-20）

图 8-18
土坯海草房，刘栋年绘

图 8-19
威海海草房，刘栋年绘

图 8-20
大原海草房，刘栋年绘

8.2　胶东民居火炕的制作工艺

火炕，在胶东，就是"老婆孩子热炕头"的幸福写照。

火炕的制作工艺，在胶东称为"盘炕"。每年春暖花开，田头无事可干，胶东人趁闲散时间开始整理修缮一下家里的一些事物，"盘炕"便是其中一项。"盘炕"看似简单，其实是一项技术含量很高的工作，民间有专门盘炕的手艺人。到了盘炕的季节，盘炕手艺人成了"香饽饽"，各家都做好饭菜款待所请艺人。盘一手好炕也是村民村前屋后聊天值得炫耀一春的话题。

8.2.1　砌炕沿

"盘炕"的第一步是砌炕沿。炕沿是脸面，材料一般比较讲究，外侧多选用打磨光滑的优质青砖，并在视觉中心位置常常雕刻各种装饰花纹。炕沿顶面封口位置，常放置大约宽10cm、厚5cm的实木条或竹条固定，用以加固炕沿，阻挡被褥滑落并防止人们上下炕时划伤衣物。

8.2.2　炕内回填层

炕沿内侧砌土坯砖。火炕内部烟道应遵循"前引后导"的布置原则。灶台处底部一般为三层青砖，高度要比烟囱处底部低5cm。炕洞底部宜铺设200～300mm厚的黏土并夯实牢固。

8.2.3　炕内砌砖

"盘炕"技术的高低，关键在于炕内砌砖。

第一层土坯砖顺向放置时，要竖立着摆放，高约37cm为一土坯砖的高度。在正对灶台口处两个土坯砖中间再立一个土坯砖来作为挡风砖，将烟囱吹进来的风阻挡住，以免对室内风的循环造成干扰，民间所说的"火生风，风送火"就很好地体现了炕灶传热的原理。盘炕最重要的是挡风砖不能垂直摆放，大约要向内倾斜30°，并且保证上面留有10cm左右的距离，这样有利于烧火做饭时风的流动、烟的走向，同时在室外天冷风大时，防止风通过火炕通道倒吹进入灶台火塘中，形成"倒风"。当室外风力变化时，烟囱出口若处于正压区，将阻碍烟气正常流动，甚至有可能发生空气倒灌进入烟囱内，产生返风倒烟现象。民间流传的烟囱"上口小、下口大、南风北风都不怕"之说，烟囱口高于屋脊，以及烟囱底部设置回风洞，形成负压缓冲区，都是避免产生此问题的有效措施。

第二层将土坯砖顺向平摆，将土坯砖平放于竖立的土坯砖之上。

第三层将土坯砖横向密集地铺放在炕的表面，保持平整。

8.2.4　抹炕面

炕内砌砖工艺完成后，匠人会用黏土加麦草抹在炕面上，待其干燥后再抹上细沙土。炕面整体要平整，但也有细微差别，抹面层炕头宜比炕梢厚，中部宜比里外厚。火炕进烟口低于排烟口，并且在铺设炕面板时保证一定坡度，炕头低炕梢高，通过抹面层找平。一方面保证烟气流动顺畅，同时保证烟气与炕体的流动换热效果，另一方面也避免炕头炕梢温差过大。

8.2.5　收尾

在盘炕的整体流程中，好的匠人是不会放过任何一个细节的。为防止炕表面干裂，匠人会将碎稻草与泥土混合制成草泥抹面。抹完一层后，待火烤半干后再抹一层，并将裂缝腻死，然后慢火烘干，最后再用稀泥将细小裂缝抹平。自然晾晒几日后再进行炕体密封性验收才算最后完工。

另外，炕是否盘得好，不仅仅在于盘炕工艺本身，还和灶台高度、烟囱的位置息息相关。因此，一般灶台高度宜低于室内炕面 100～200mm；烟囱宜设置在室内角落，烟囱内径宜上小下大，且内壁光滑、严密；烟囱底部应设回风洞，洞深约 200～300mm；烟囱口高度宜高于屋脊。只有这样，相互合作，强强联手，一盘名副其实的好炕才可落成（图 8-21）。

图 8-21
牟氏庄园的火炕

8.3 莱州砖雕工艺

莱州砖雕，家常、暖心又摇曳多姿。

每每端详莱州砖雕，那饱含着光阴洗染的雕刻，直击内心。那荡漾在其中的气韵如前尘往事般扑面而来，而我似乎就是砖雕师傅身边的小徒，仰慕地看着师傅刻刀下一朵朵兰花、牡丹灿烂绽放……

莱州砖雕，选材精良，经久耐用；取材吉祥，梅兰竹菊、龙狮凤鹤；造型灵动，气息袭人；精雕细画，工艺别致；技法纯粹，有浅浮雕、半圆雕；构思巧妙，兼顾现实与浪漫，寄情于景，情景交融；虽处乡野，自带光泽与气度，足登大雅之堂。其制作流程，严谨规矩，在不动声色中完成"地老天荒"。

① 磨砖。首先根据雕刻面的尺寸选择合适的砖 其次打磨选好的砖块参差不齐的毛边、表面，使之平整、光滑、严丝合缝，此称之为"磨洋工"。

② 放样。用炭笔将图案按 1 ：1 放样到砖面。

③ 粗雕。按图案的造型雕出立体轮廓，分出大层次。

④ 细雕。在大轮廓的基础上细雕刻图案细节，如花心、叶脉等，以增强艺术性、立体感。

⑤ 打磨。用磨石、砖瓦片打磨，使之平滑、光亮。

⑥ 上色。是莱州砖雕的特色。工匠采用矿物颜料或彩色油漆，将事先设计好的色彩绘制到砖面图案上，使之栩栩如生。同时，砖底面不涂色彩，保留原有的味道，"以砖为底、以情运色"，酣畅淋漓地将日常农家生活中些许盼望、田前屋后的点点滴滴用素雅笔墨诗意地再现。今日再见时，依旧忽而盛开，缠绕惊艳（图 8-22 ～图 8-33）。

图 8-22
莱州金城凤毛村照壁

图 8-23
照壁局部

图 8-24
砖雕——卷轴

图 8-25
砖雕——兰花

图 8-26
砖雕——荷花

图 8-27
砖雕——牡丹

图 8-28
砖雕——菊花

图 8-29
砖雕——梅花

图 8-30
砖雕——月季

图 8-31
砖雕——卷轴

图 8-32
砖雕——多子多孙

图 8-33
砖雕——香炉生紫烟

185

8.4 传统制麻工艺

麻，在今日，是时尚、偶傥的代言，在传统，则是实用、珍贵的象征。

麻有苘麻、线麻、苎麻、亚麻等多种。胶东的麻主要是亚麻和黄麻。百姓生活中的麻绳取自各种麻类植物的外皮，麻皮常规宽度为 0.5～50mm。麻皮可制作成二股、三股或四股麻绳，股数越多越有韧性，直径大多在 0.5～3cm 之间。细麻绳儿可以纳鞋底，中麻绳可用来做缰绳、捆东西，粗麻绳多用作井绳、拴车套。

传统制麻，采用沤麻的方式。沤麻在我国历史悠久，《国风·陈风·东门之池》中的"东门之池，可以沤麻"可以佐证。沤麻是一种相当艰苦的劳动，一般是将亚麻杆或黄麻杆置于水中浸渍，利用细菌作用使麻的木质组织软化以便剥下纤维皮。麻杆或已剥下的麻皮浸泡在水中时，自然发酵，会发出难闻的恶臭味，泡好后要先忍着恶臭将麻杆剥皮，再用麻刀刮掉麻纤维上的表皮，然后晒干就制成了干净坚韧的麻皮（图 8-34）。在资源匮乏时代麻由于其纤维柔软结实、通风透气等特点被广泛运用，比如麻纤维纸、麻布衣服、麻布蚊帐、麻袋、麻绳等。随着科技的进步，各种化学纤维、复合纤维逐步取代了麻纤维，造成传统制麻人急剧减少，手工制麻工艺也即将绝迹（图 8-35～图 8-37）。

图 8-34
晾麻

图 8-35
和成粗绳工具

图 8-36
制麻工具

图 8-37
和成细绳工具

胶东百姓制麻一般在每年秋收后，在田间地头挖坑沤麻。

① 挖坑。首先挖出大于麻秆长度的深坑。

② 摆放。把麻秆扎成一个个小捆，再把一捆捆麻整齐地摆在深坑里，麻捆根梢相互颠倒呈十字形依次排列。

③ 铺板。把麻秆铺到距离地面一尺左右处压上木板，木板上再压大石头，然后往坑里灌满水。

④ 沤麻。沤麻时间长短视水温高低而定，水温 20～25℃时 1 周即可沤熟。沤麻时，应随时检查麻秆的沤熟程度，时间不宜过久。所沤之麻常见带根沤制，因为麻根部纤维占全株纤维的 6%～10%，带根沤麻可使根部皮层呈绒根状态，这样的麻皮纤维柔和好用。

⑤ 取麻。一周左右，待发现麻秆表皮起泡后便可将其捞起，用清水浸泡一天 ，再取出自然晾干，之后翻晒 2～3 天，就可以将麻皮轻松剥下。

沤麻，虽属于小小工艺，但就地取材，实惠好用，值得传承。

8.5 莱州传统四合院民居营造图纸

见图8-38~图8-44。

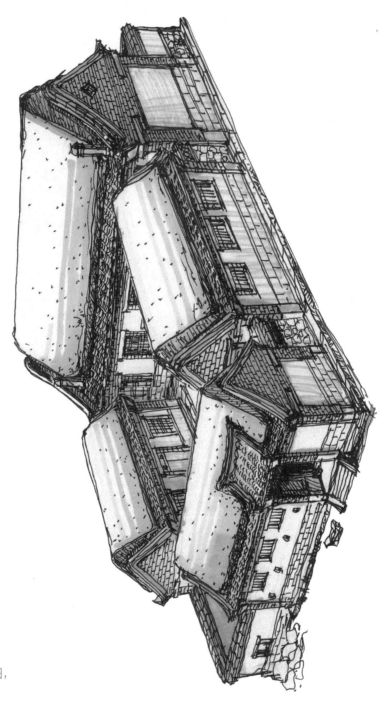

图 8-38
莱州民居四合院透视图，
刘栋年绘

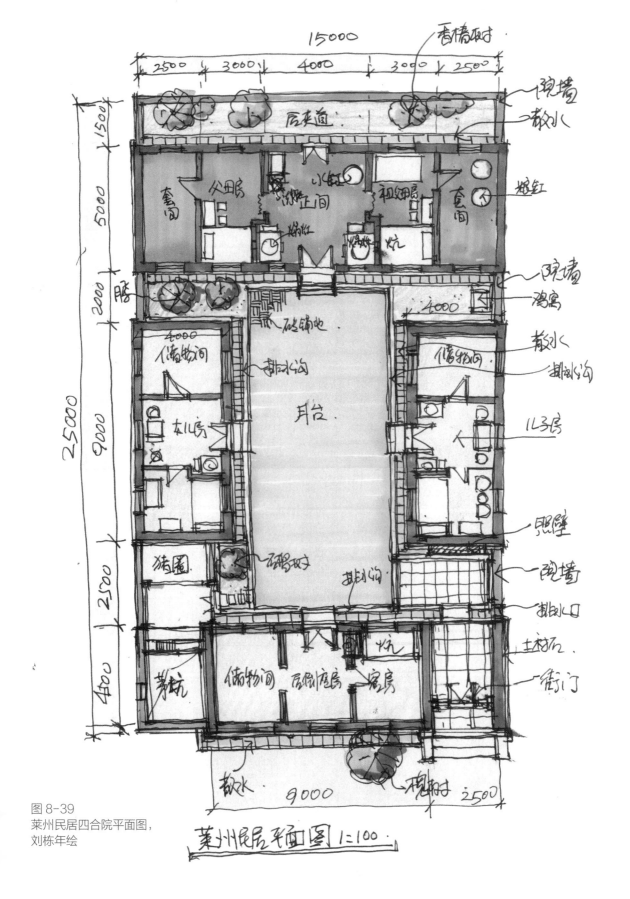

图 8-39
莱州民居四合院平面图，
刘栋年绘

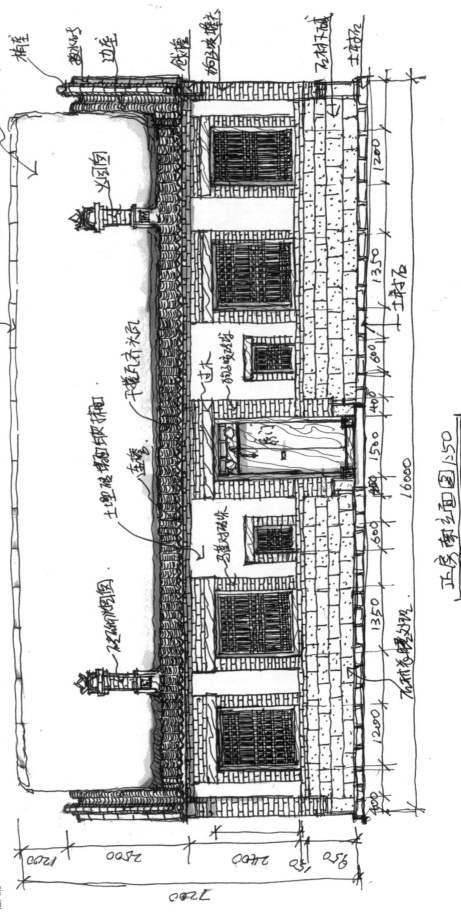

图 8-40
正房南立面图，
刘栋年绘

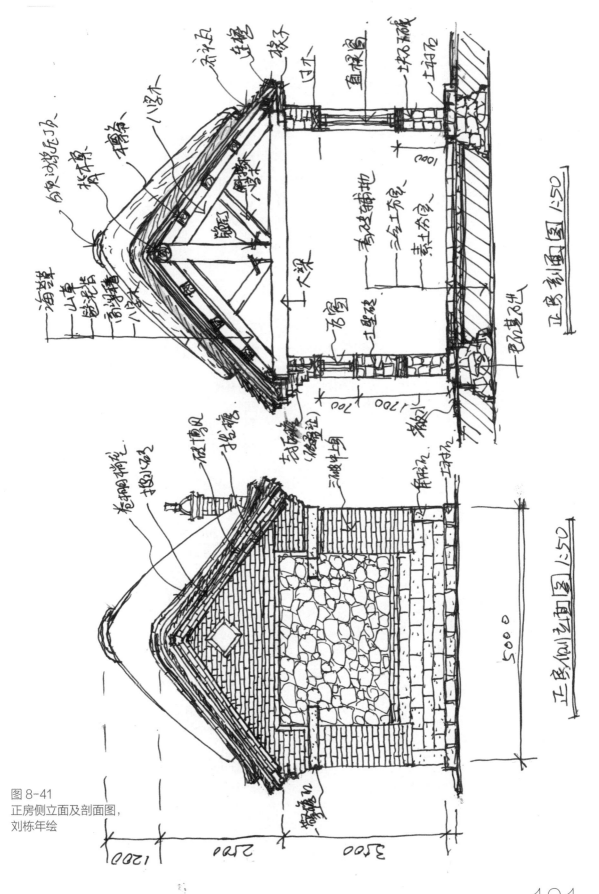

图 8-41
正房侧立面及剖面图，
刘栋年绘

191

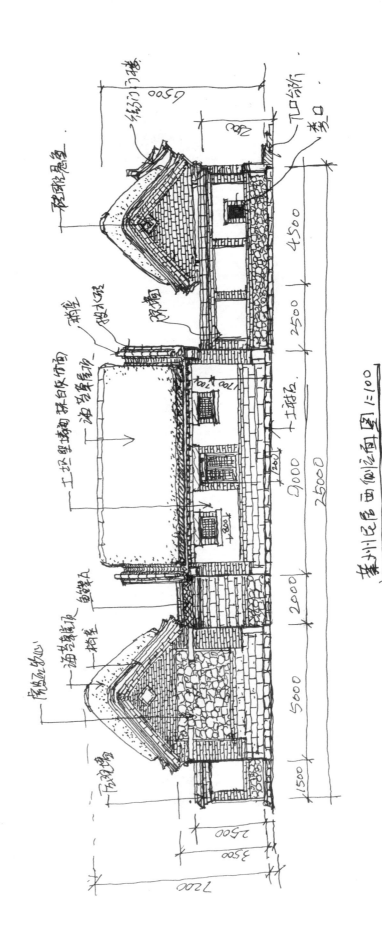

图 8-42
四合院西侧面图，
刘栋年绘

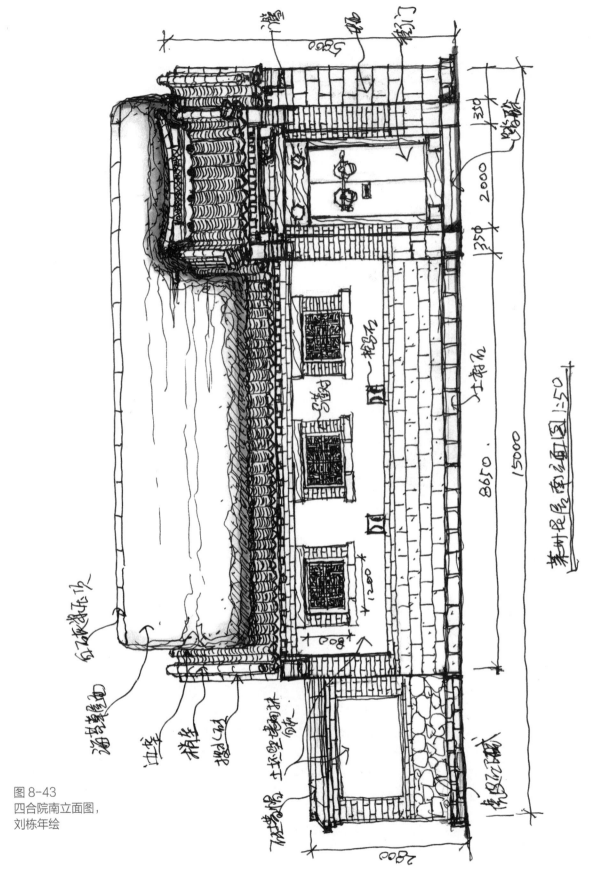

图 8-43
四合院南立面图，
刘栋年绘

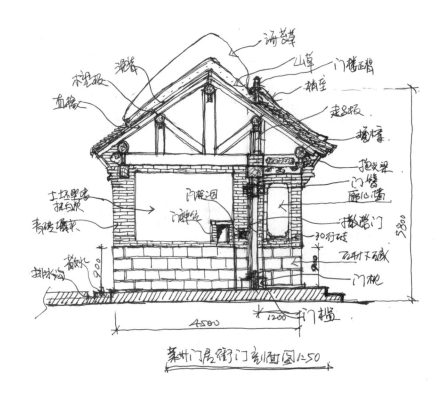

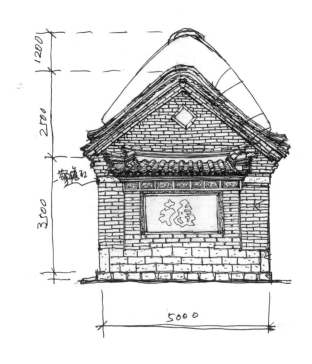

图 8-44
街门剖立面、东厢房山墙,
刘栋年绘

参考文献

[1] 刘敦桢 . 中国住宅概说—传统民居 [M]. 武汉：华中科技大学出版社，2018.

[2] 刘大可 . 中国古建筑瓦石营法 [M]. 北京：中国建筑工业出版社，2017.

[3] 毛白滔 . 建筑空间的形式意蕴 [M]. 北京：中国建筑工业出版社，2018.

[4] 胡银玉 . 北方民居营造做法 [M]. 太原：山西人民出版社，2019.

[5] 商子庄 . 中国古典建筑吉祥图案识别图鉴 [M]. 北京：新世界出版社，2009.

[6] 王仲奋 . 婺州民居营建技术 [M]. 北京：中国建筑工业出版社，2014.

[7] 太田博太郎 . 日本建筑史序说 [M]. 路秉杰，等，译 . 上海：同济大学出版社，2019.

[8] 马炳坚 . 北京四合院建筑 [M]. 天津：天津大学出版社，2012.

[9] 唐旭，谢迪辉 . 桂林古民居 [M]. 桂林：广西师范大学出版社，2009.

[10] 王澍 . 造房子 [M]. 长沙：湖南美术出版社，2017.

[11] 郭万祥 . 胶东剪纸 [M]. 南宁：广西美术出版社，2010.

[12] 李允鉌 . 中国古典建筑设计原理分析 [M]. 天津：天津大学出版社，2013.

[13] 柳肃 . 古建筑设计理论与方法 [M]. 北京：中国建筑工业出版社，2016.

[14] 贾珺 . 北京四合院 [M]. 北京：清华大学出版社，2015.

[15] 王建华 . 山西古建筑吉祥装饰寓意 [M]. 太原：山西人民出版社，2014.

[16] 叔戊 . 吉祥图案 [M]. 合肥：时代出版传媒股份有限公司，2012.

[17] 王其钧 . 民间住宅 [M]. 太原：中国水利水电出版社，2006.

[18] 张道一 . 老鼠嫁女 [M]. 济南：山东美术出版社，2009.

[19] 舒惠芳，沈泓 . 凡尘俗子 [M]. 北京：中国工人出版社，2007.

[20] 楼庆西 . 中国传统建筑文化 [M]. 北京：中国旅游出版社，2008.

[21] 陈志华 . 装饰之道 [M]. 北京：中国建筑工业出版社，2011.

后记1

2019年8月27日上午9：26写到胶东人供奉天地神龛时，刹那之间，童年记忆扑面而至、热泪盈眶。我的童年是跟着爷爷、奶奶在山东莱州海郑村长大的……

我的爷爷新中国成立前在青岛经商做掌柜的，当年生意红火时，只要老乡有难，爷爷必慷慨相助。20世纪50年代初公私合营时，爷爷因曾被日本兵砍伤头部至听力失聪，无法正常与人交流，遂把自己的企业、房产主动捐给国家，带着奶奶及少年的父亲回到老家。那个年代，房屋不能随便买卖，只能在亲戚之间购买，于是在亲戚们的协助下，最终花费足以铺满院子的钱财购得老宅。我就是在这里出生、长大的……

我的爷爷知书达礼、醇厚老实，我的奶奶美丽娴雅、聪慧大方。小的时候，父母忙于工作，几乎无暇顾及我们，记忆中真正的"父母"是爷爷奶奶，我们姐妹四人是在他们的言传身教中幸福长大的。

春天，天气转暖，奶奶会早早打开屋门，迎接燕子的回巢。奶奶总会说："燕子不进愁家。"于是，我就天天盼望燕子早归，希望好事不断……

夏天，爷爷忙于打理花园的花草。我则将散落的花瓣收起，在院中垂直挖个小坑，倒进花瓣，再在洞口盖上小块玻璃，制成所谓的"式样井"……

秋天，菜美果实、螃蟹正肥，奶奶会在院子里"腌螃蟹""腌咸菜"，我则忙着帮奶奶把腌制的成品送给左邻右舍……

冬天，奶奶会在热炕头用滚烫的火盆给我做"爆豆"，教我唱童谣，将吃剩的鹅蛋壳做成玩具。我则会趁大人不注意用树干敲击屋檐下的冰凌……

除夕之夜，全家围火炕猜字谜、聊天。初一早上，爷爷在灶间拉风箱烧火，奶奶煮饺子……热气腾腾、红红火火的景象一直留存在心间……

正月十五，月满时分，打着爷爷制作、我们姐妹几个参与绘制的灯笼满院子照，口中念念有词："粮食满仓""房屋干净""树木粗壮""鸡肥猪壮"……那时，心中真是美开了花……

二月二，奶奶会做"神虫"面食，祝福我们学业有成、茁壮成长……

端午节，奶奶会在天刚蒙蒙亮时，给迷迷糊糊在睡梦中的我用艾草擦拭全身，祈祷一夏天不被蚊子咬；会将石榴花绑在我小辫子上，将我打扮得漂漂亮亮，自信满满……

七巧节，奶奶会做"月兔捣碓"的面食，给我们讲牛郎织女的传说……

中秋节，爷爷会点香供奉月神，奶奶则带我们在院子里赏月、吃月饼……

闲暇的日子，我的爷爷总爱坐在圈椅里指着我的鼻子慢悠悠地开玩笑："以为你是个臭姑娘、原来是个香姑娘……"我的奶奶总爱在院子里给我梳小辫、穿美衣，将我打扮得干净、利落……

就这样，在老屋、小院中，那个无忧无虑的小嫚儿一天天长大……

今日，虽然我早已远离家园，但小院的春华秋实、日升月落如同一颗种子深深地镌刻心中……

李允鉌先生在《华夏意匠》一书中提道："老的建筑使你常常想去触摸它，不仅在表面，而且从内心。"的确如此，在调研以及写作的过程中，我一次次回味童年的老屋、一次次端详眼前的装饰构件、一次次留恋民居的砖瓦石草、一次次感受民间的营造技艺、一次次跨越时空与之对话……在我心中，他们都是有生命的，是活的物件：檐下的砖雕仙鹤栩栩如生、挺拔自信、灵气活现；抱头梁上的青龙不甘寂寞，与蓝天共舞，似乎瞬间就会呼啸而去；影壁中的荷花摇曳多姿、自由舒展、兀自自信；屋顶的野草不甘寂寞、生机勃勃、妖娆、风流……一切的一切是那么真实，又是那么浪漫多姿，这些记忆一天天浸淫着我，丰盈着我的内心，让我更加充实、饱满……

此刻，写到此处，再次热泪盈眶……

谨以此纪念我的爷爷李元培先生、我的奶奶于凤珍女士，谢谢你们给了我无忧、幸福的童年时光……

2019 年 8 月 27 日写于丽海书香居

后记2

此刻，书到尾声，窗外花红柳绿、姹紫嫣红……

2008年春，在意大利街头，当看到那一排排保留、保护完整的欧式建筑时心头一震，那一刻满脑子都是梁思成先生，想到他曾经为保护中国传统建筑屡败屡战、屡战屡败……在此，向所有为中国传统建筑的保护与传承做出贡献的前辈们表示深深的敬意，谢谢你们的担当、智慧与勇气，我辈定当学习、追随。

2003年至今，工作之余，先生和我一次次拜访老工匠、老艺人，他们总是耐心指导，不吝赐教，感谢你们的真挚付出！感谢莱州叶书林老先生将自己毕生技艺悉数传教，让我们对传统的营造技艺有了进一步的理解。

在写作过程中，我们研究和学习了许多前辈的杰作，在此表示深深的敬意！在网络的世界，我们拜读了烟台市剪纸协会李强先生、山东大学王建波先生的博客，虽未谋面，却能感受到了同为胶东人对家乡的情怀，对传统文化的珍爱，在此一并致谢！

感谢莱州金城中学的刘国哲先生。本书中许多有关莱州民居的照片是他利用业余时间拍摄的。为拍摄这些照片，他经常翻墙爬屋，极其辛苦，但是因为热爱，所以值得。

感谢德才集团董事长叶德才先生多年来给予我们的一贯支持。

感谢兄长般的孙波教授，在写作过程中给予我们的鼓励、支持，让我们有时间顺利完成此书的调研、写作。

感谢耀辉兄，帮我们破解很多老宅子中晦涩难认的古字。

感谢春霖弟，帮忙梳理土炕砌筑、制麻等传统营造技艺。

感谢化学工业出版社的张阳女士，她文雅美丽，工作耐心、热情，一次次帮我们解决出书的难题。

感谢伟洲先生的封面设计，简约雅致，直面主题。

感谢我的学生张小雪、王文卿、炳健帮我们完成许多琐碎的工作。

感谢我的老妈，自退休后一直默默帮我们照料家庭，才让我们没有后顾之忧地安心工作、学习。这些年我们在工作上的所有成绩都饱含着老妈的付出。"军功章里有您的一半"，是我常常想对老妈说的话。谢谢您，老妈！

……

太田博太郎在《日本建筑史序说》说："日本的建筑不会表现出强烈的自我存在感，

不强调建筑作为一个独立个体的存在感，反而极力追求融于自然之中的那份和谐与谦逊……日本人喜欢保持木材的自然原色，对构件多不饰色彩……每个构件的美都是积年累月反复琢磨与实践的结果"……

山川异域，风月同天……

其实，我们中国传统民居何尝不是如此？

其实，我们胶东民居何尝不是如此？……

只是，在今日千村一面之时，我们似乎少了一份文化自信和对本土建筑价值的真实判断……

4月，燕麦抽穗，情知所起，一往情深……

胶东，生于此，爱于此

……

再次感谢为本书辛苦付出的至亲朋友：

摄影：刘栋年、刘国哲、李泉涛、孙震、王文卿、滕佳楠、刘白羽

测绘：刘栋年、李泉涛、孙震、谢春霖、王文卿、炳健、刘白羽

制图：刘栋年、孙震、炳健、王文卿

校对：李泉涛、张小雪、王文卿

2020 年 4 月 19 日写于观海听涛斋